Das Übungsheft 1
Mathematik

Denk- und Rechentraining

Name: ____________________

Klasse: __________

Rechenmeister	Seite	Datum	Anzahl der richtig gelösten Aufgaben
1	19		
2	40		
3	60		
4	81		
Der große Knobelmeister	83		

Urkunden zum Ausdrucken → www.das-uebungsheft-1.de/urkunde

Mildenberger

1

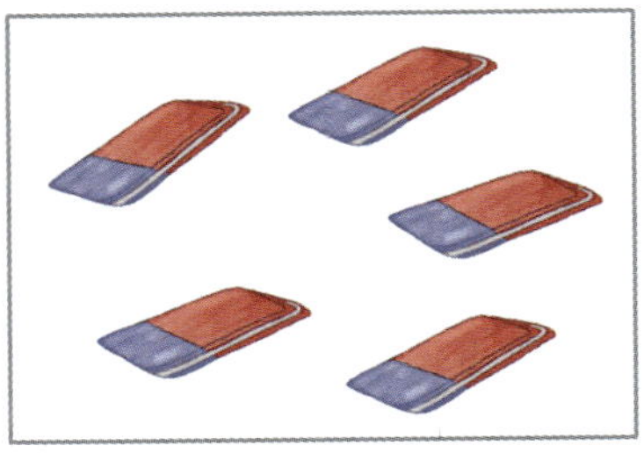

𝍸

2

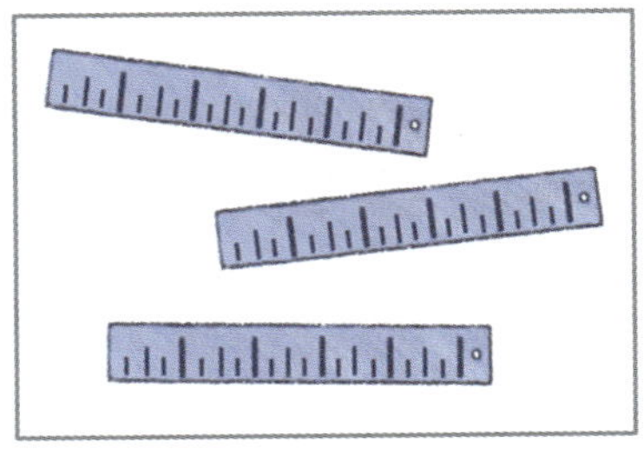

3

4

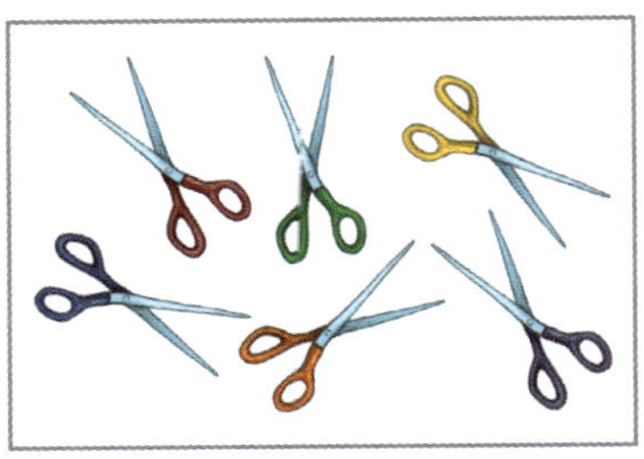

5

6

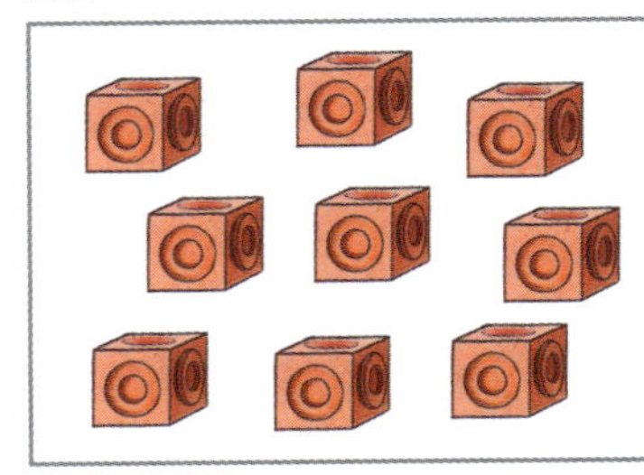

7

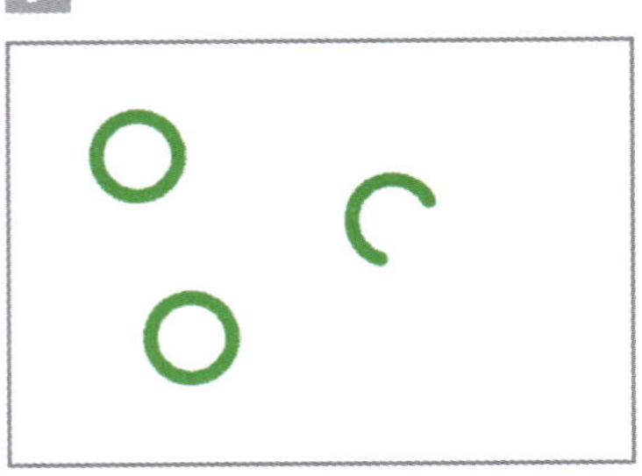

𝍷𝍷𝍷𝍷

8

𝍷

9

𝍸 𝍷

10

𝍸 𝍷𝍷𝍷

11

𝍷𝍷𝍷

12

𝍸

1 bis **6** Strichliste erstellen **7** bis **12** Anzahlen zeichnen

1

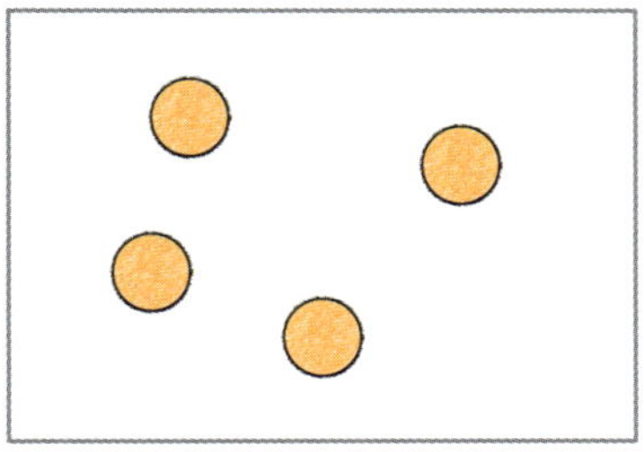

~~2~~ ~~3~~ 4

2

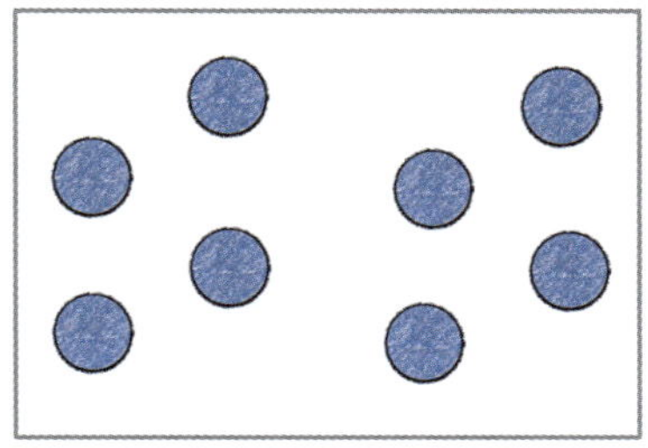

7 8 9

3

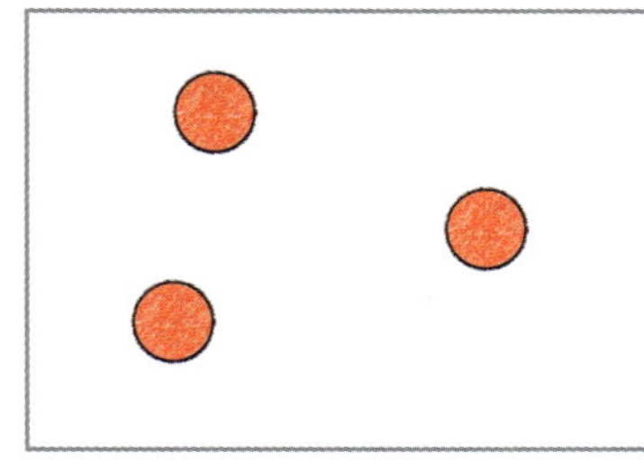

1 2 3

4

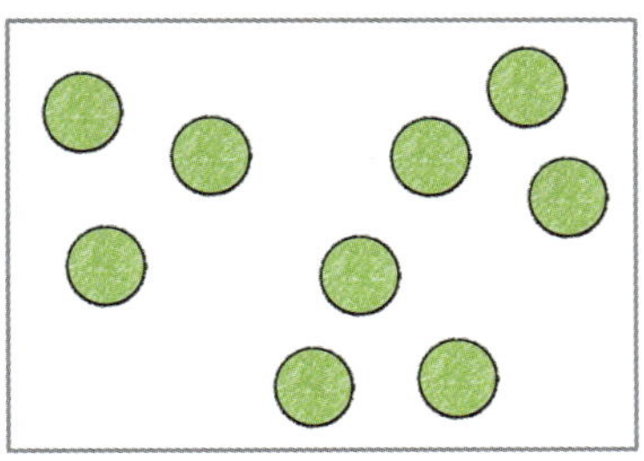

7 8 9

5

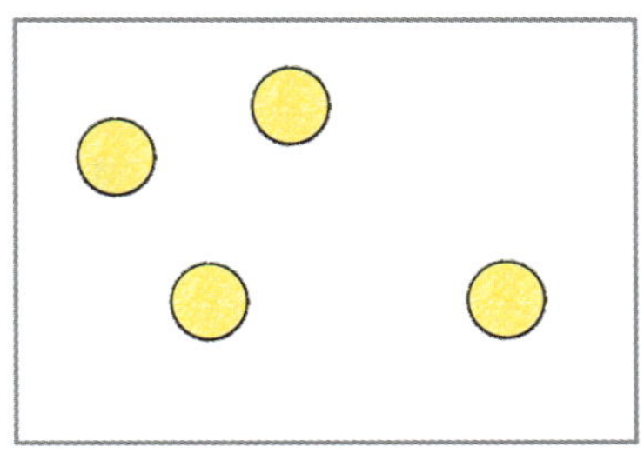

4 5 6

6

1 2 3

7

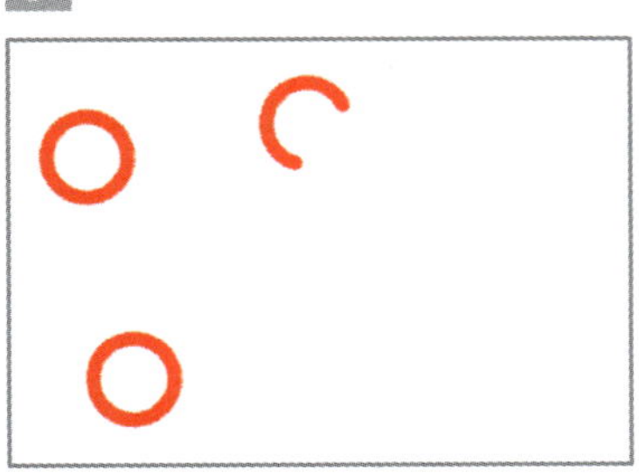

~~6~~ 7 ~~8~~

8

~~5~~ 6 ~~7~~

9

~~1~~ ~~2~~ 3

10

2 ~~3~~ ~~4~~

11

~~2~~ ~~3~~ 4

12

~~7~~ 8 ~~9~~

1 bis **6** Kreise zählen, richtige Lösung einkreisen, andere Zahlen durchstreichen
7 bis **12** Anzahlen zeichnen

1

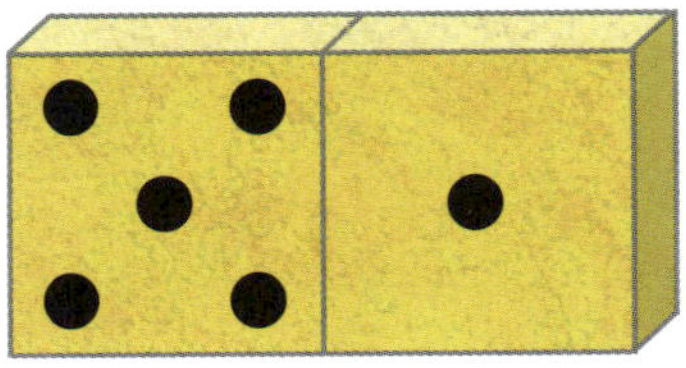

4 5 6

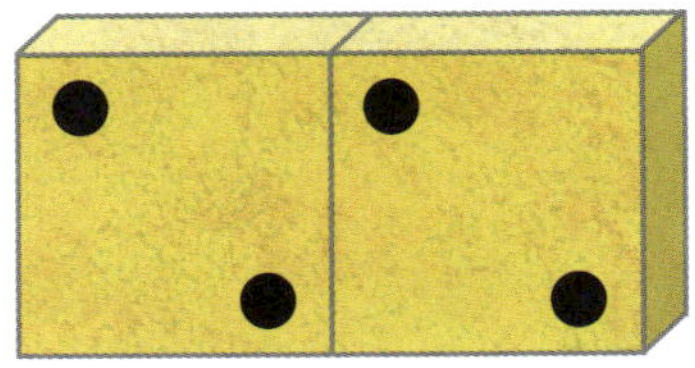

2 3 4

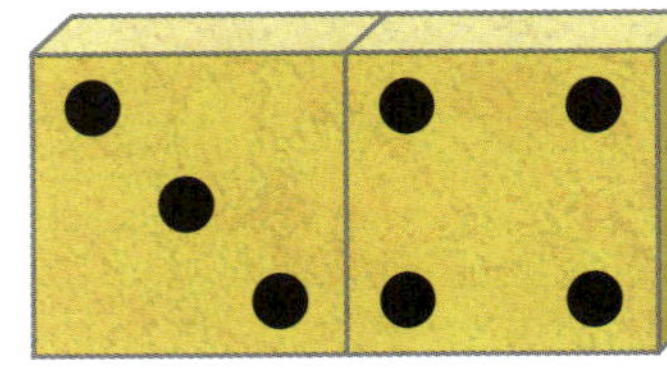

6 7 8

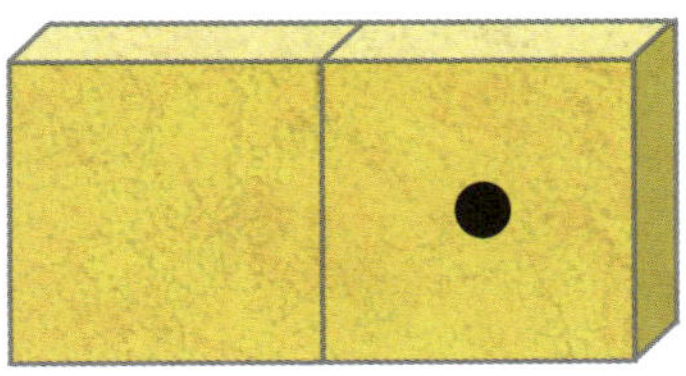

1 2 3

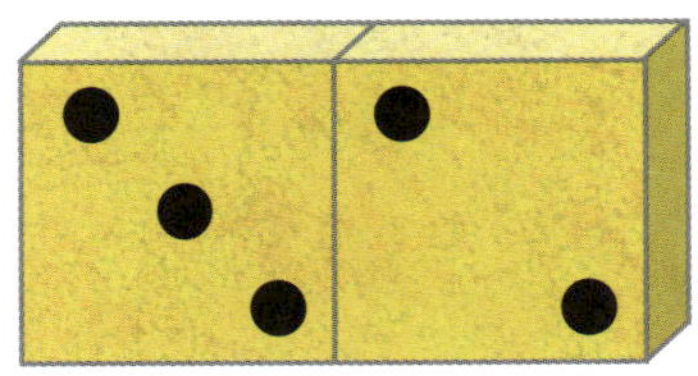

4 5 6

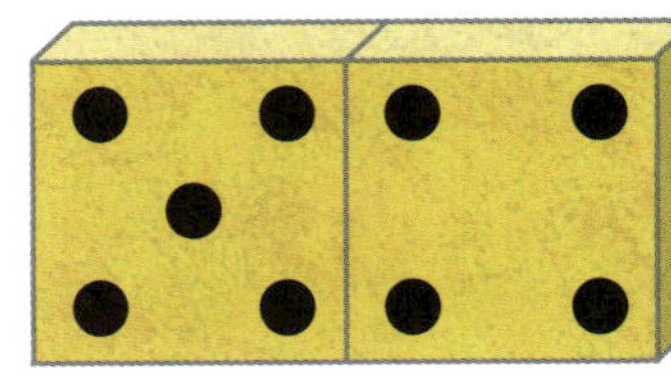

7 8 9

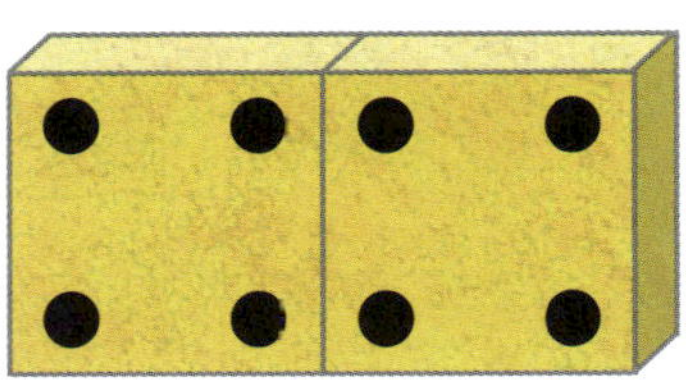

8 9 10

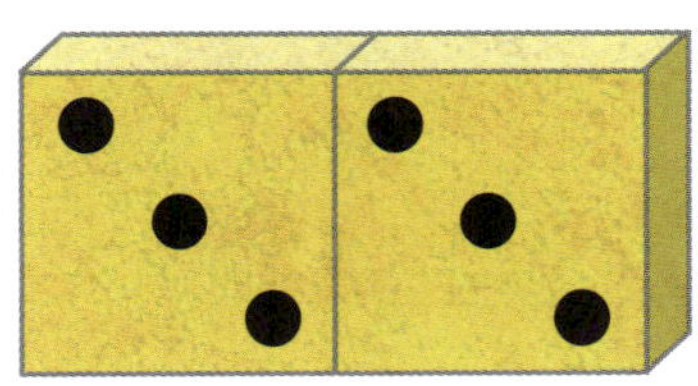

5 6 7

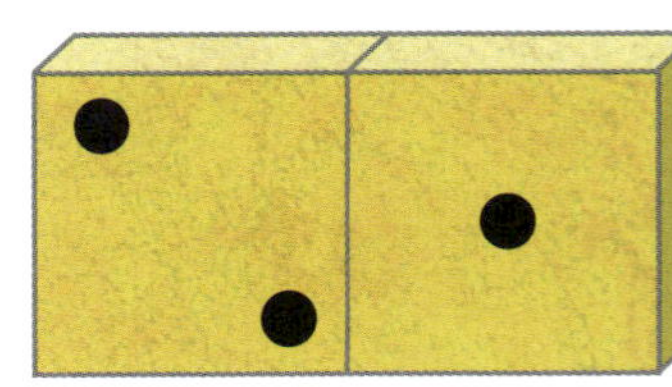

1 2 3

2

7 8 9

6 7 8

3 4 5

8 9 10

1 und **2** richtige Lösung einkreisen, andere Zahlen durchstreichen

1

4 + ☐

☐ + 4

3 + ☐

☐ + 3

2 + 2 + ☐

2

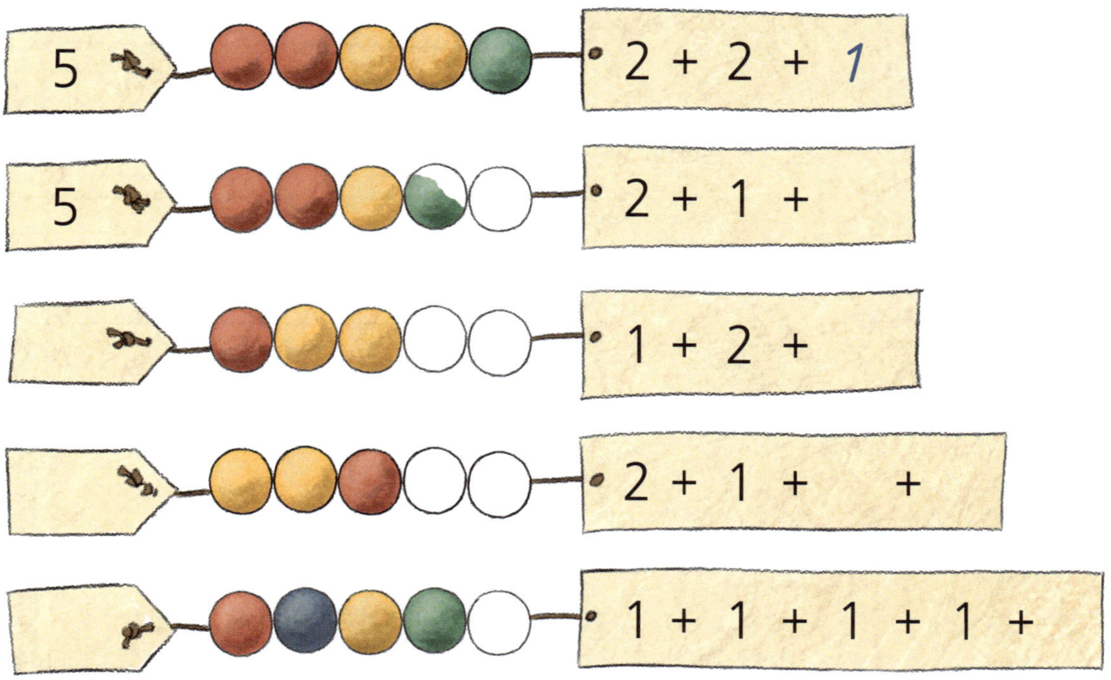

5	2 + 2 + *1*
5	2 + 1 +
	1 + 2 +
	2 + 1 + +
	1 + 1 + 1 + 1 +

1

6

5 + ☐

☐ + 5

4 + ☐

☐ + 4

3 + ☐

2 + 2 +

3 + 2 +

4 + 1 +

2

6	●●●●●●	2 + 2 + 1 +
6	○○○○○○	1 + 2 + 1 +
	○○○○○○	1 + 1 + 1 +
	○○○○○○	3 + 1 + 1 +
	○○○○○○	1 + 1 + 2 +
	○○○○○○	2 + 1 + 1 +

1 Immer 5

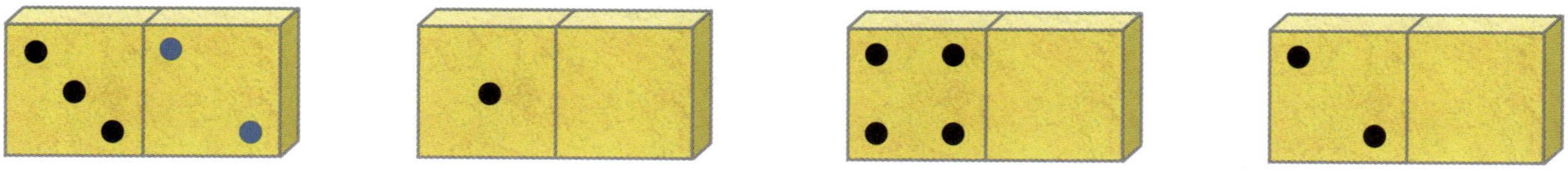

3 + 2 | 1 + | + | +

+ | + | + | +

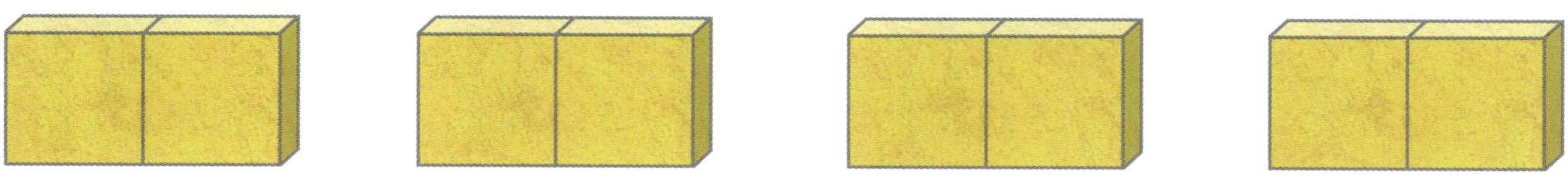

4 + | + 2 | + 1 | 3 +

2

2

1 + ☐

☐ + 1

3

3

2 + ☐

☐ + 2

1 + 1 + ☐

4

4

3 + ☐

☐ + 3

2 + ☐

2 + 1 + ☐

1 + 1 + ☐

1 + 1 + 1 + ☐

1 Immer 6

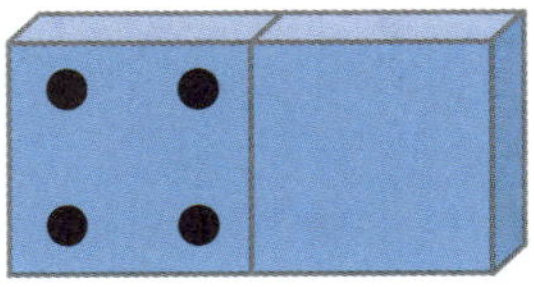

6 = 4 +

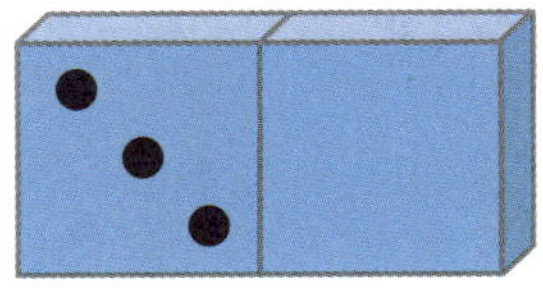

6 = +

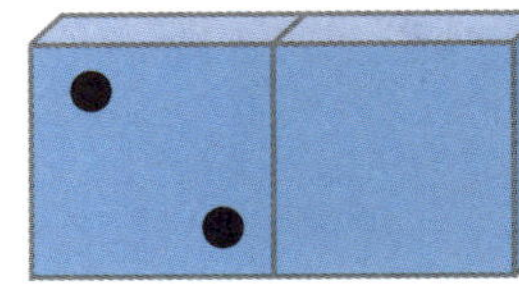

6 = +

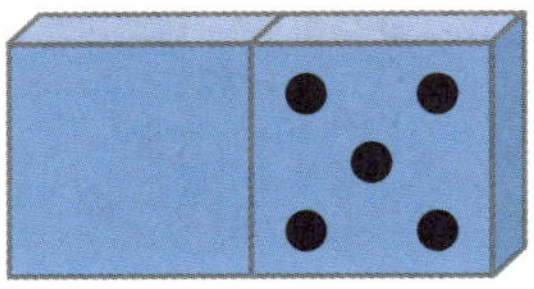

6 = +

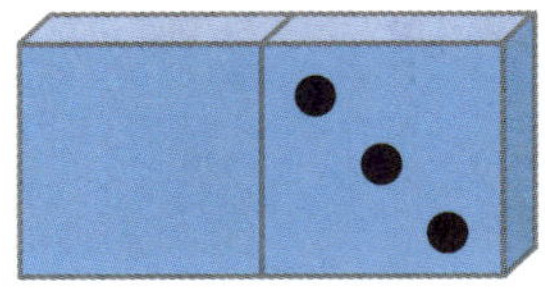

6 = +

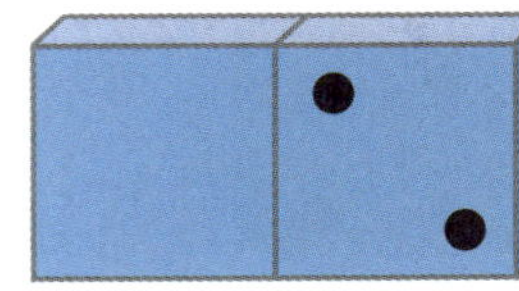

6 = +

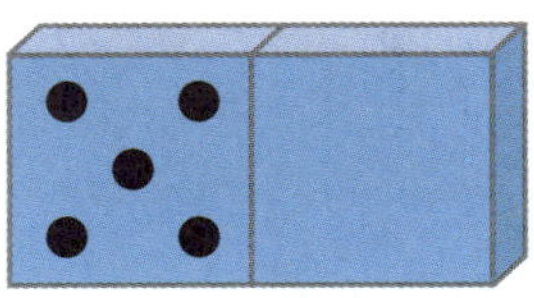

6 = +

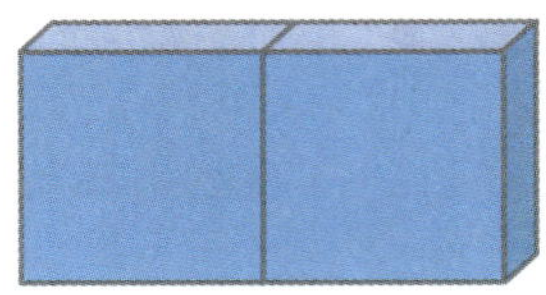

6 = + 2

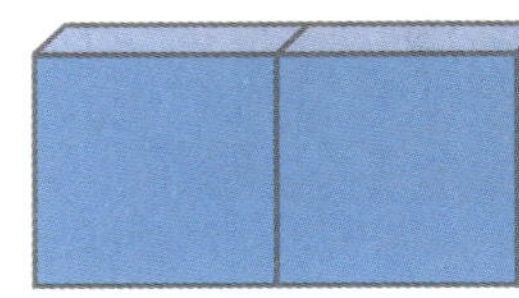

6 = +

2

5

1 + 2 + ☐

3 + 1 + ☐

2 + 1 + ☐

2 + 2 + ☐

1 + 1 + ☐

2 + 1 + 1 + ☐

1 + 1 + 1 + ☐

3

6

3 + 2 + ☐

2 + 2 + ☐

1 + 1 + ☐

1 + 2 + ☐

1 + 4 + ☐

1 + 1 + 1 + ☐

1 + 2 + 1 + ☐

Erfinde selbst eine Aufgabe.

1 Immer 7

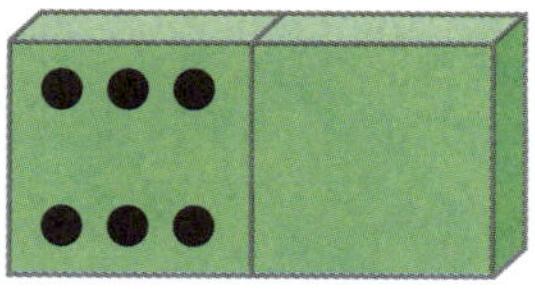

7 = 6 +

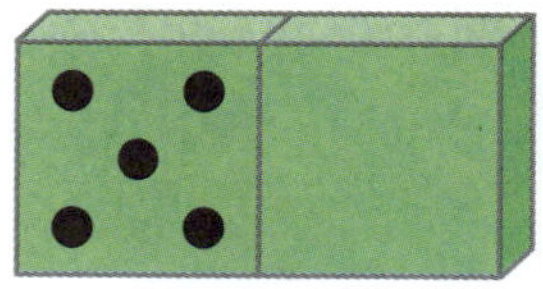

7 = +

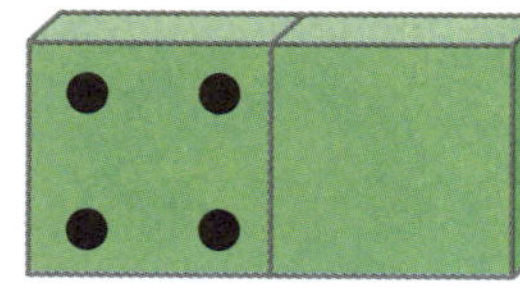

7 = +

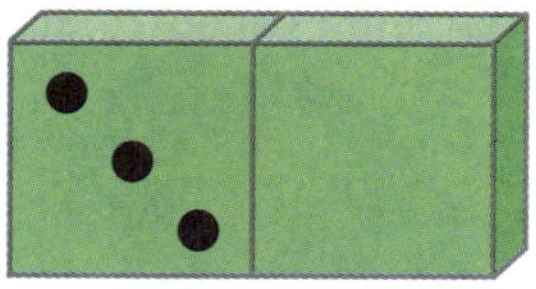

7 = +

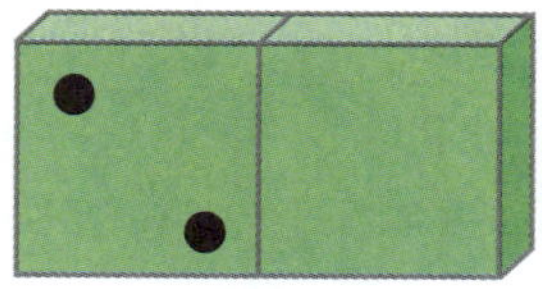

7 = +

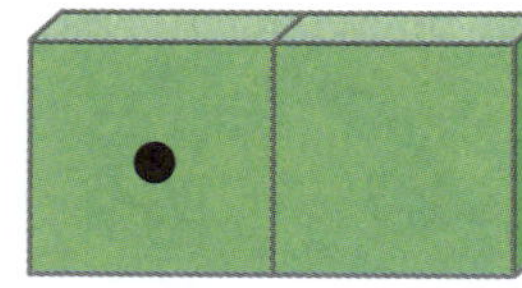

7 = +

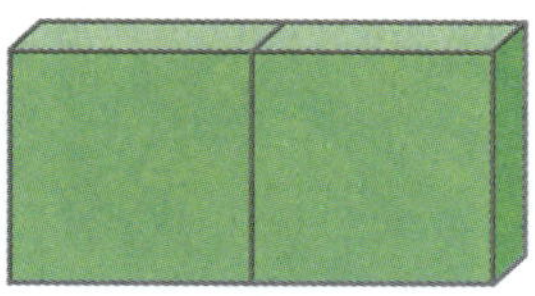

7 = + 2

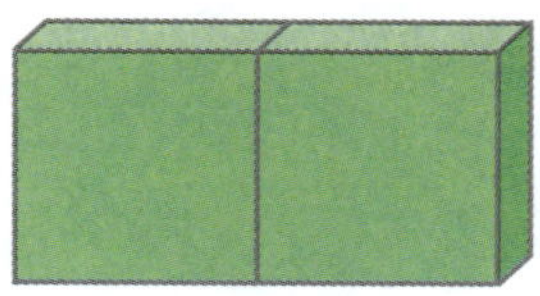

7 = 1 +

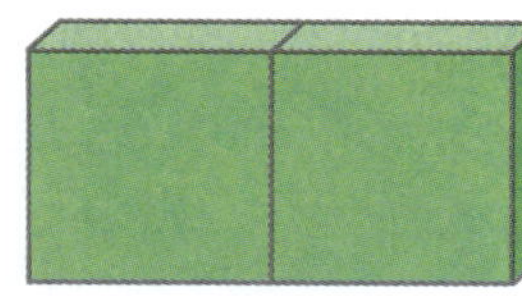

7 = + 4

2

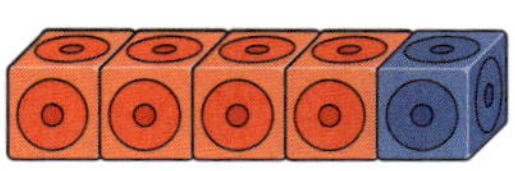

4 + 1 =

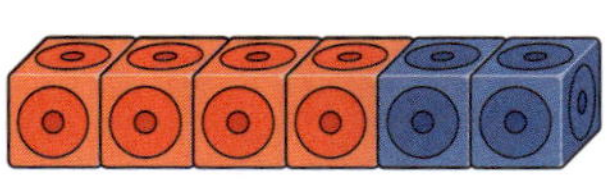

4 + 2 =

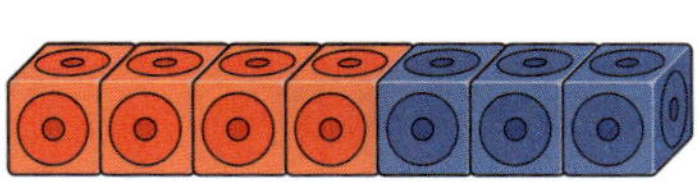

+ =

+ =

3

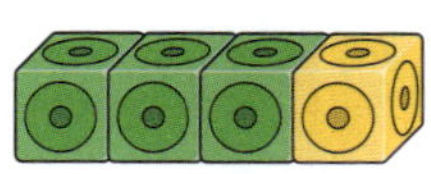

3 + 1 =

3 + 2 =

+ =

+ =

4

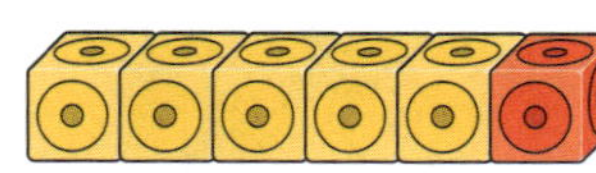

5 + 1 =

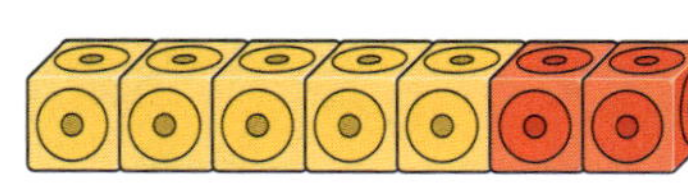

5 + 2 =

+ =

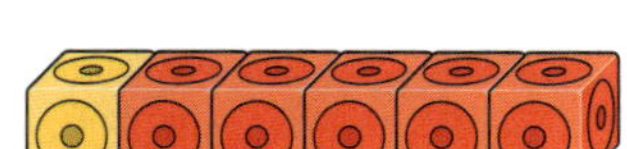

+ =

3 Immer 7

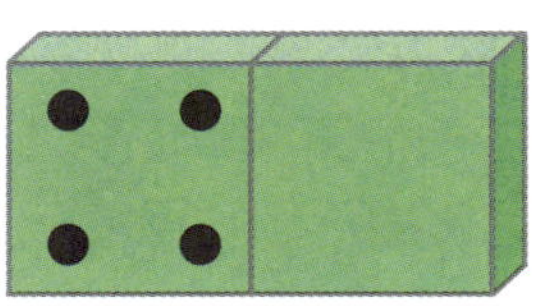

7 = 4 + ☐

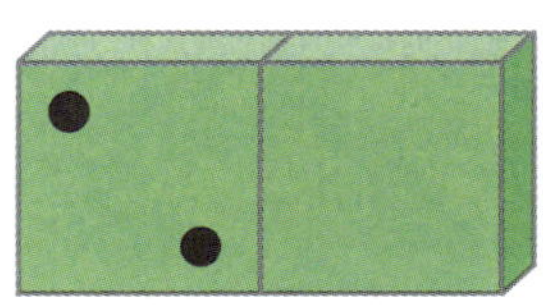

7 = ☐ + ☐

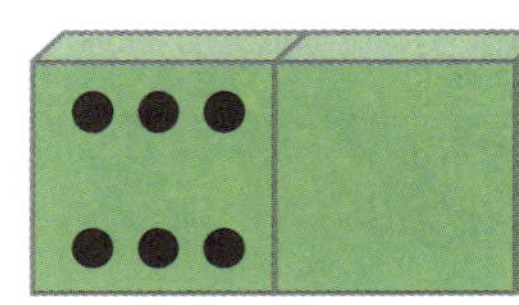

7 = ☐ + ☐

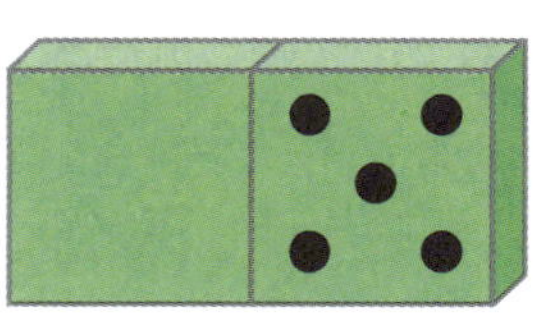

7 = ☐ + ☐

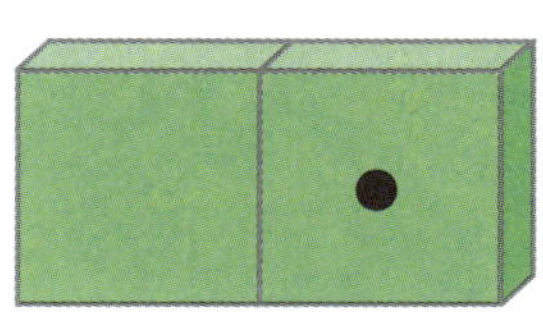

7 = ☐ + ☐

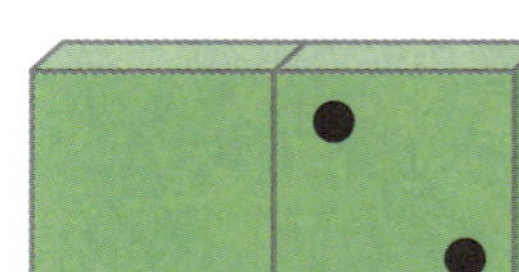

7 = ☐ + ☐

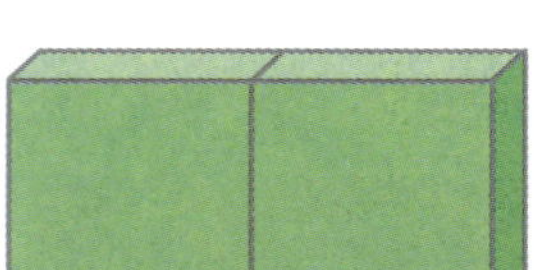

7 = 3 + ☐

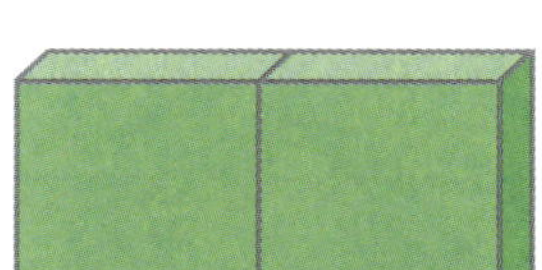

7 = ☐ + 6

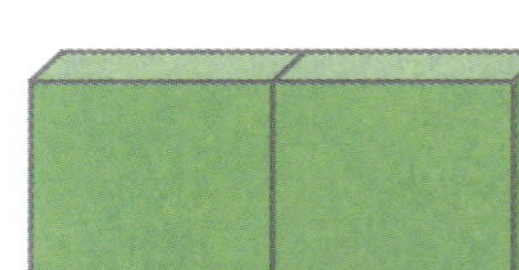

7 = ☐ + ☐

Erfinde selbst eine Aufgabe.

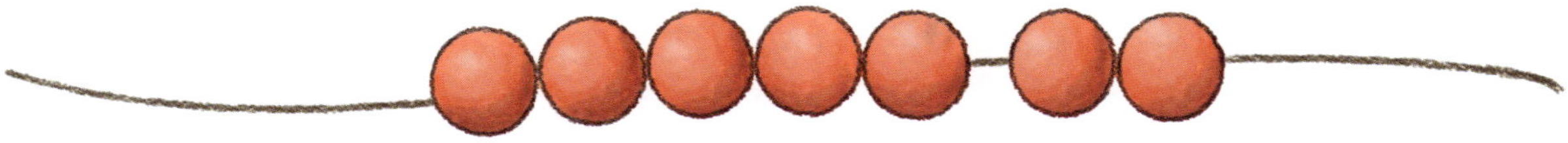

4

1 + 1 =

2 + 1 =

3 + 1 =

4 + 1 =

5 + 1 =

6 + 1 =

5

1 + 2 =

2 + 2 =

3 + 2 =

4 + 2 =

5 + 2 =

6

3 + 2 =

3 + 3 =

3 + 4 =

4 + 1 =

4 + 2 =

4 + 3 =

1

8

7 + ☐

☐ + 7

6 + ☐

☐ + 6

5 + ☐

☐ + 5

4 + ☐

2

8

3 + 3 + ☐

2 + 2 + ☐

1 + 1 + ☐

4 + 1 + ☐

5 + 1 + ☐

2 + 2 + 2 + ☐

3 + 3 + 1 + ☐

4 + 2 + 1 + ☐

1 + 2 + 3 + ☐

3

4 + 4 = ☐

4 + 3 = ☐

4 + 2 = ☐

4 + 1 = ☐

4

1 + 3 = ☐

2 + 3 = ☐

3 + 3 = ☐

4 + 3 = ☐

5

1 + 4 = ☐

2 + 4 = ☐

3 + 4 = ☐

4 + 4 = ☐

1 Immer 8

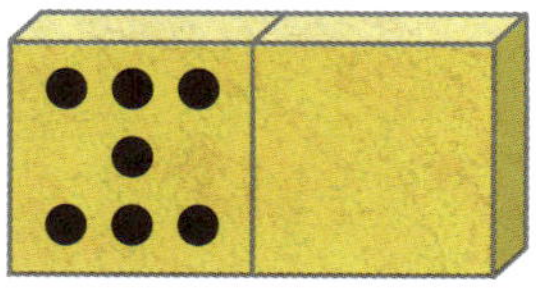

8 = 7 + ☐

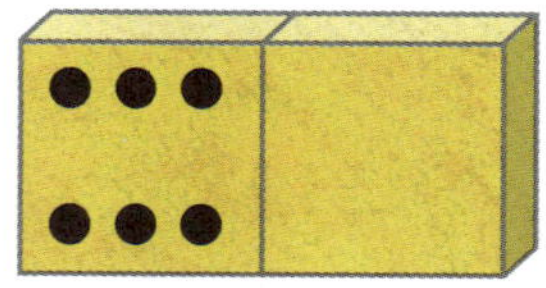

8 = ☐ + ☐

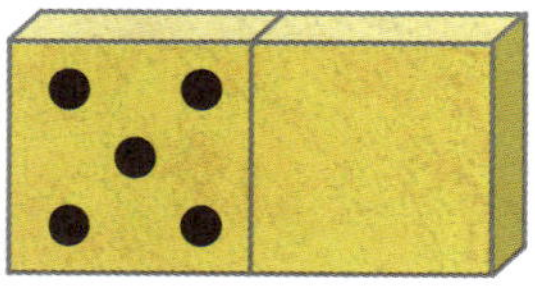

8 = ☐ + ☐

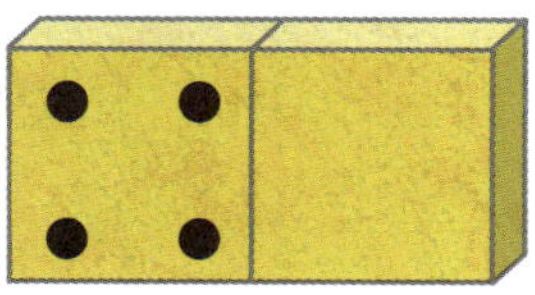

8 = ☐ + ☐

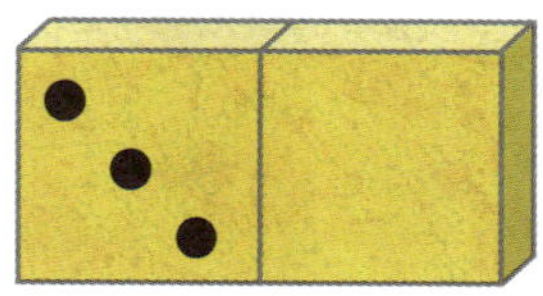

8 = ☐ + ☐

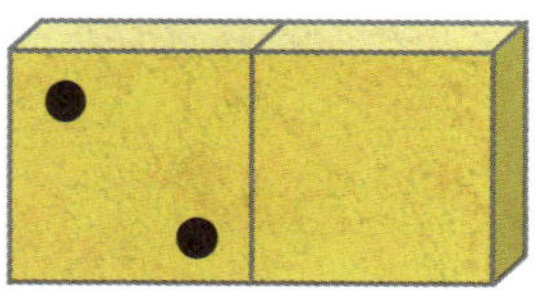

8 = ☐ + ☐

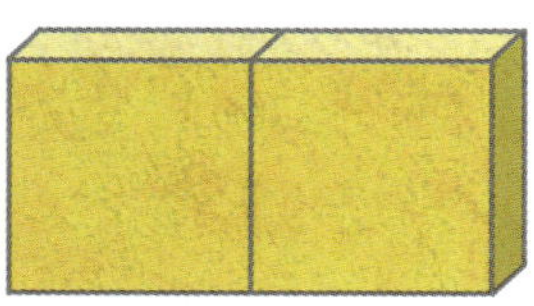

8 = 1 + ☐

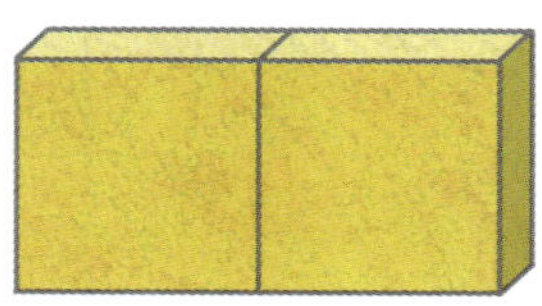

8 = ☐ + 4

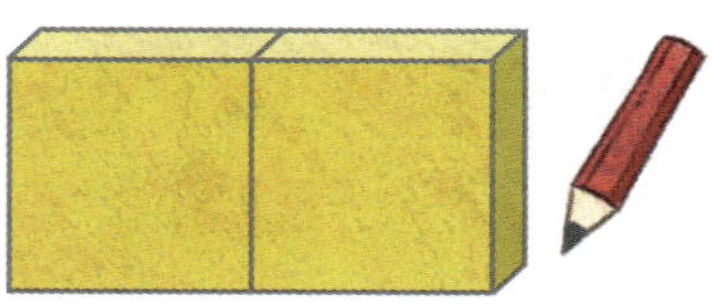

8 = ☐ + ☐

2

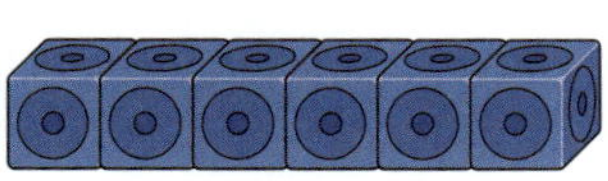

6 = 3 + ☐

6 = ☐ + 2

6 = 1 + ☐

6 = ☐ + 4

6 = ☐ + 1

6 = 2 + 2 + ☐

6 = 1 + 1 + ☐

6 = 3 + 1 + ☐

3

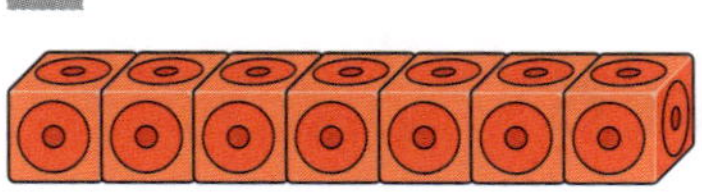

7 = ☐ + 2

7 = 3 + ☐

7 = ☐ + 5

7 = 2 + ☐

7 = ☐ + 3

7 = 1 + ☐

7 = 3 + 2 + ☐

7 = 4 + 1 + ☐

Erfinde selbst eine Aufgabe.

1 8

7 + ☐
6 + ☐
5 + ☐
4 + ☐
3 + ☐
2 + ☐
1 + ☐

2 8

☐ + 4
☐ + 7
☐ + 3
☐ + 5
☐ + 1
☐ + 6
☐ + 2

3 8

3 + 3 + ☐
2 + 2 + ☐
1 + 1 + ☐
5 + 1 + ☐
4 + 1 + ☐
3 + 2 + 1 + ☐
2 + 2 + 2 + ☐

4 Immer 8

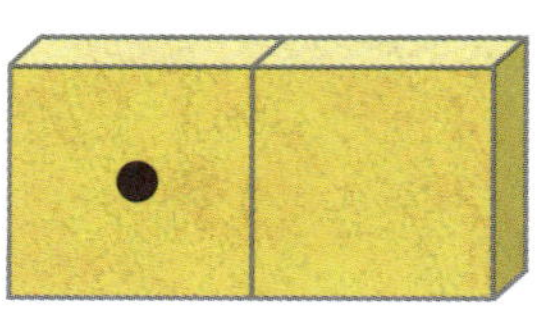

8 = 1 +
8 = + 1

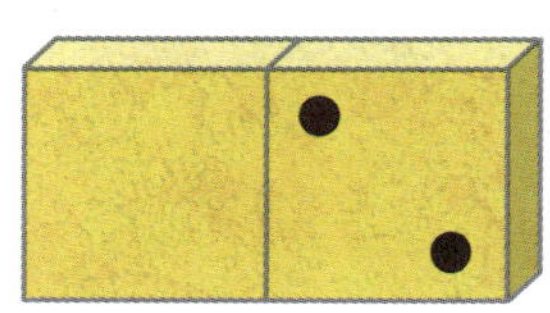

8 = + 2
8 = 2 +

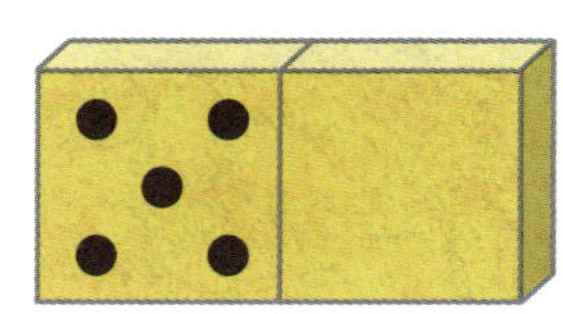

8 = 5 +
8 = + 5

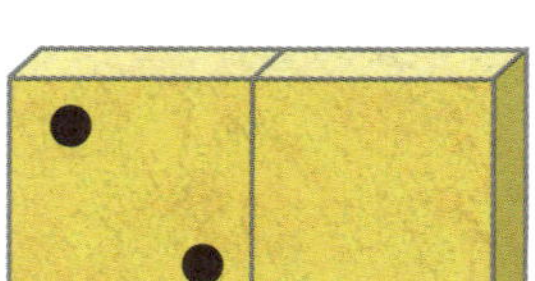

8 = +
8 = +

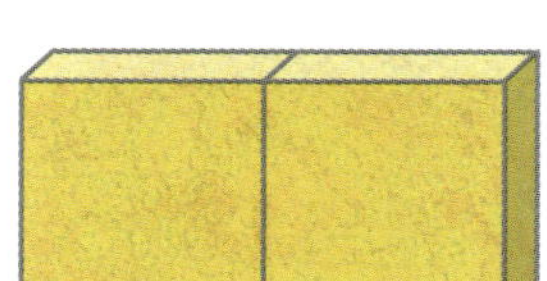

8 = 3 +
8 = +

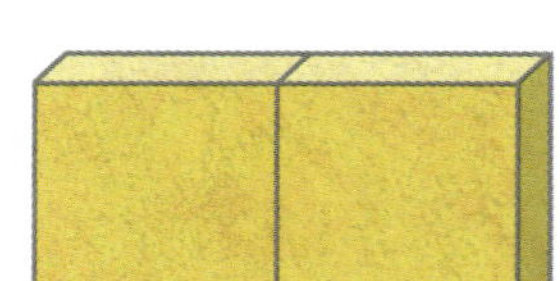

8 = +
8 = +

4 Tauschaufgaben ✏ Erfinde selbst eine Aufgabe.

1

5 − 3 =

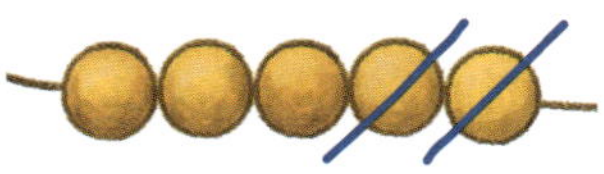

5 − 2 =

2

5 − 4 =

5 − 1 =

3

5 − 5 =

5 − 0 =

4

6 − 1 =

6 − 5 =

5

6 − 2 =

6 − 4 =

6

6 − 6 =

6 − 0 =

7

1 − 1 =
2 − 1 =
3 − 1 =
4 − 1 =
5 − 1 =
6 − 1 =
− 1 =
− 1 =

8 △

1 − 2 = ✕
2 − 2 =
3 − 2 =
4 − 2 =
5 − 2 =
6 − 2 =
− 2 =
− 2 =

9 △

6 − 0 =
6 − 1 =
6 − 2 =
6 − 3 =
6 − 4 =
6 − 5 =
6 − =
6 − =

1 bis **6** Rechentrick Zahlentausch **7** bis **9** Was fällt auf? Regelmäßigkeiten beschreiben
△ Mache ein ✕, wenn eine Aufgabe nicht lösbar ist.

1

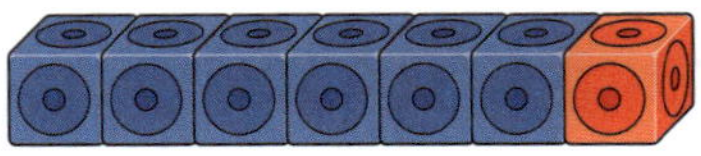

7 − 1 = ☐

7 − 6 = ☐

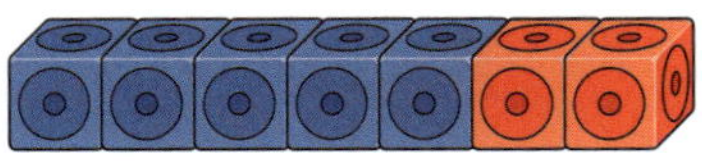

7 − 2 = ☐

7 − 5 = ☐

7 − 3 = ☐

7 − 4 = ☐

2

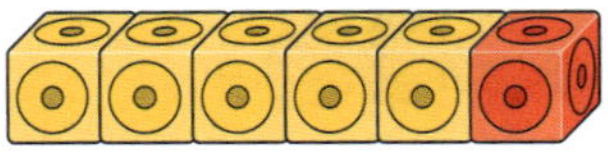

6 − 1 = ☐

6 − 5 = ☐

6 − 2 = ☐

6 − 4 = ☐

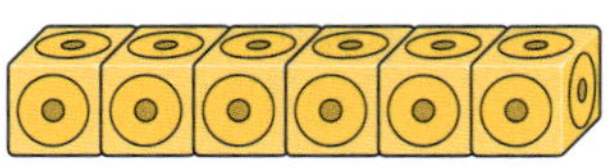

6 − 0 = ☐

6 − ☐ = ☐

3

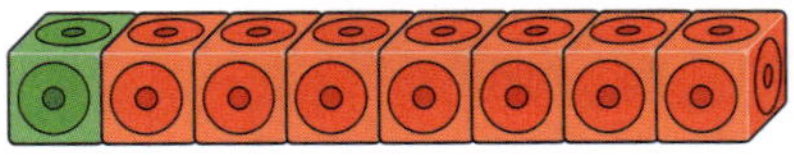

8 − 7 = ☐

8 − ☐ = ☐

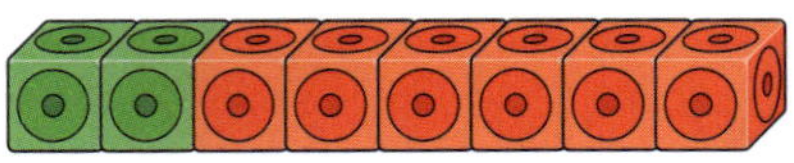

8 − 6 = ☐

8 − ☐ = ☐

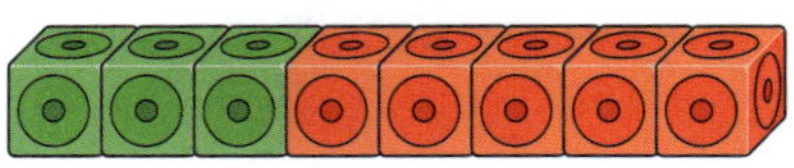

8 − 5 = ☐

8 − ☐ = ☐

4

8 − 1 = ☐

8 − 7 = ☐

8 − 2 = ☐

8 − 6 = ☐

8 − 3 = ☐

8 − 5 = ☐

8 − 8 = ☐

8 − 0 = ☐

5

3 − 1 = ☐

3 − 2 = ☐

5 − 1 = ☐

5 − 4 = ☐

6 − 1 = ☐

6 − 5 = ☐

7 − 1 = ☐

7 − 6 = ☐

6

2 − 1 = ☐

2 − 2 = ☐

3 − 1 = ☐

3 − 3 = ☐

4 − 1 = ☐

4 − 4 = ☐

5 − 1 = ☐

5 − 5 = ☐

1

8

7 + ☐
☐ + 5
4 + ☐
☐ + 8
6 + ☐
☐ + 3
8 + ☐

2

7

5 + ☐
☐ + 3
7 + ☐
☐ + 4
☐ + 6
0 + ☐

3

6

☐ + 0
3 + ☐
☐ + 5
0 + ☐
2 + ☐
☐ + 2

4

5

3 + ☐
☐ + 0
4 + ☐
☐ + 3
0 + ☐
2 + ☐

5

4

☐ + 2
☐ + 4
☐ + 0
3 + ☐

6

3

☐ + 1
☐ + 3
1 + ☐
3 + ☐

7

2

1 + ☐
0 + ☐
2 + ☐

8

1

1 + ☐
☐ + 1

9

0

0 + ☐

1

$4 - 1 =$

$4 - 2 =$

$5 - 1 =$

$5 - 2 =$

$6 - 1 =$

$6 - 2 =$

$7 - 1 =$

$7 - 2 =$

$8 - 1 =$

$8 - 2 =$

2

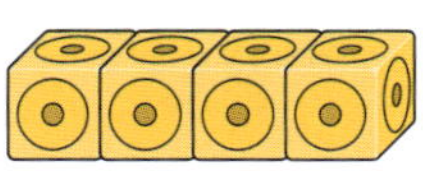

$4 - 0 =$

$4 - 4 =$

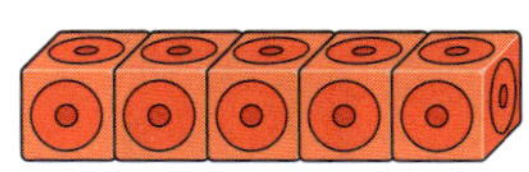

$5 - 0 =$

$5 - 5 =$

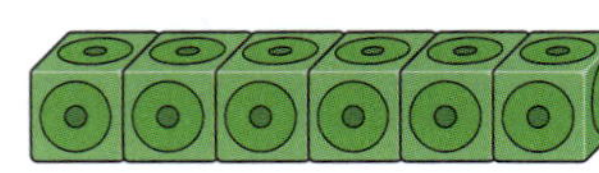

$6 - 0 =$

$6 - 6 =$

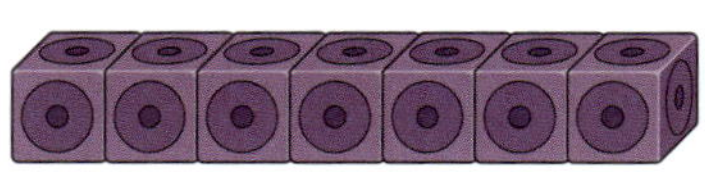

$7 - 0 =$

$7 - \square = 0$

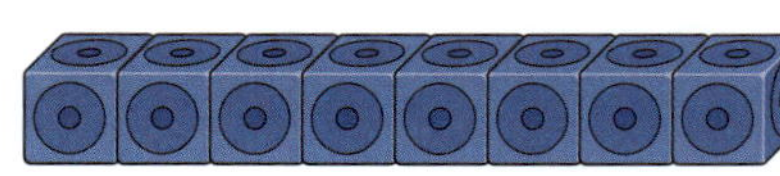

$8 - 0 =$

$8 - \square = 0$

3

$2 - 2 =$

$2 - 0 =$

$6 - 4 =$

$6 - 2 =$

$5 - 1 =$

$5 - 4 =$

4

$3 - 3 =$

$3 - 0 =$

$7 - 4 =$

$7 - 3 =$

$8 - 1 =$

$8 - 7 =$

5

$8 - 0 =$

$8 - 4 =$

$6 - 0 =$

$6 - 3 =$

$4 - 0 =$

$4 - 2 =$

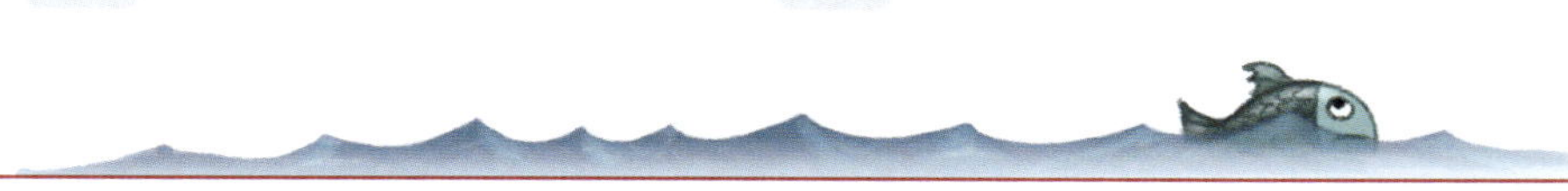

Der 1. Rechenmeister

1

6 = 3 + ☐
6 = ☐ + 4
6 = 0 + ☐
6 = ☐ + 5

2

7 = 5 + ☐
7 = ☐ + 4
7 = 6 + ☐
7 = ☐ + 0

3

8 = 1 + ☐
8 = ☐ + 4
8 = 6 + ☐
8 = ☐ + 3

4

3 + 2 = ☐
3 + 3 = ☐
4 + 4 = ☐
4 + 3 = ☐

5

5 + 2 = ☐
2 + 6 = ☐
4 + 1 = ☐
2 + 2 = ☐

6

7 = 4 + 1 + ☐
5 = 2 + 2 + ☐
8 = 3 + 3 + ☐
5 = 1 + 2 + ☐

7

4 − 1 = ☐
4 − 0 = ☐
4 − 3 = ☐
4 − 2 = ☐

8

5 − 1 = ☐
5 − 4 = ☐
5 − 0 = ☐
5 − 3 = ☐

9

7 − 6 = ☐
7 − 0 = ☐
7 − 3 = ☐
7 − 5 = ☐

10

3 − 2 = ☐
3 − 3 = ☐
2 − 1 = ☐
2 − 0 = ☐

11

6 − 4 = ☐
6 − 6 = ☐
6 − 3 = ☐
6 − 5 = ☐

12

8 − 4 = ☐
8 − 2 = ☐
8 − 7 = ☐
8 − 8 = ☐

Du hast ☐ von 48 Aufgaben richtig gelöst.
Urkunde zum Ausdrucken → www.das-uebungsheft-1.de/urkunde

1

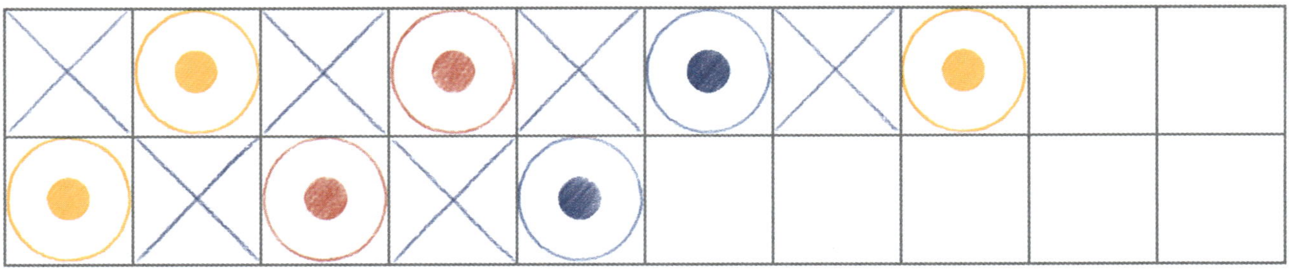

2

3

8 − 8 = ___
0 + 6 = ___
6 − 6 = ___
0 + 4 = ___
4 − 4 = ___
___ + ___ = ___
___ − ___ = ___
___ + ___ = 0

4

7 + 1 = ___
8 − 2 = ___
6 + 1 = ___
7 − 2 = ___
5 + 1 = ___
___ − ___ = ___
___ + ___ = ___
___ − ___ = 3

5

5 − 4 = ___
1 + 5 = ___
6 − 4 = ___
2 + 5 = ___
7 − 4 = ___
___ + ___ = ___
___ − ___ = ___
___ + ___ = 9

1 und **2** Muster fortsetzen **3** bis **5** Aufgabenfolgen
3 bis **5** bereiten auf die Knobelseiten 82 und 83 vor.

1

2

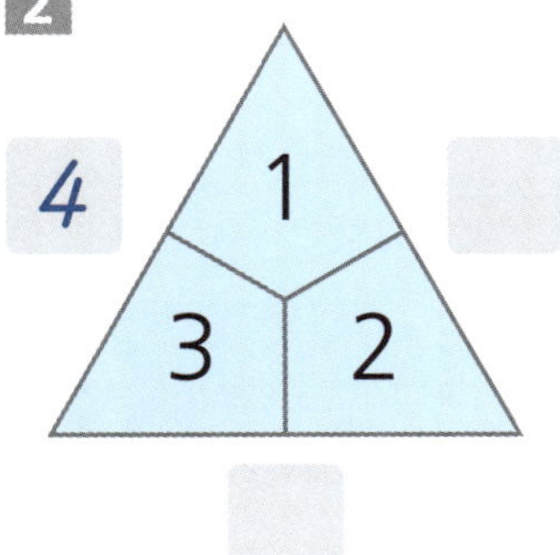

3

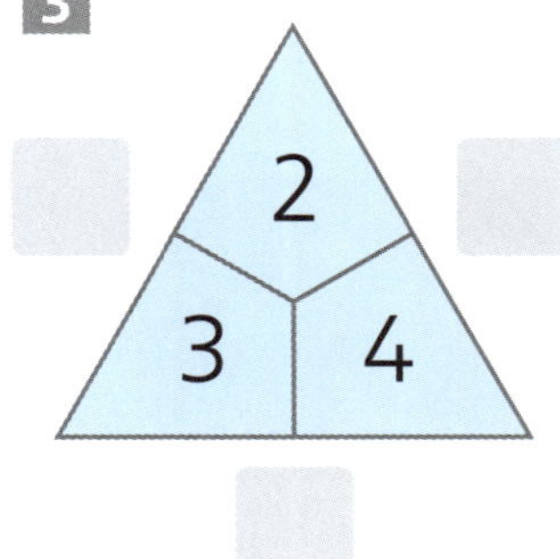

4

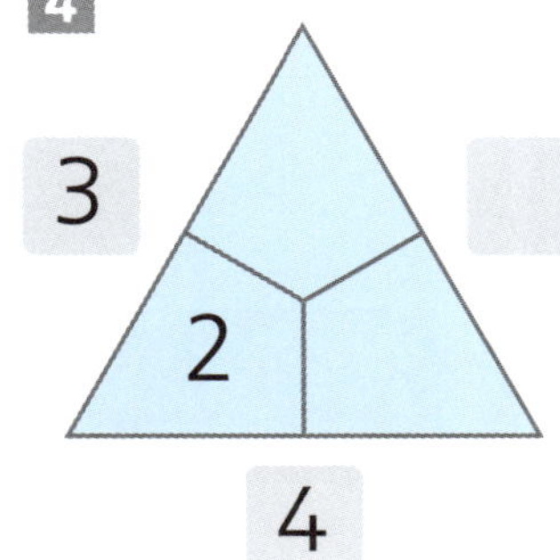

5

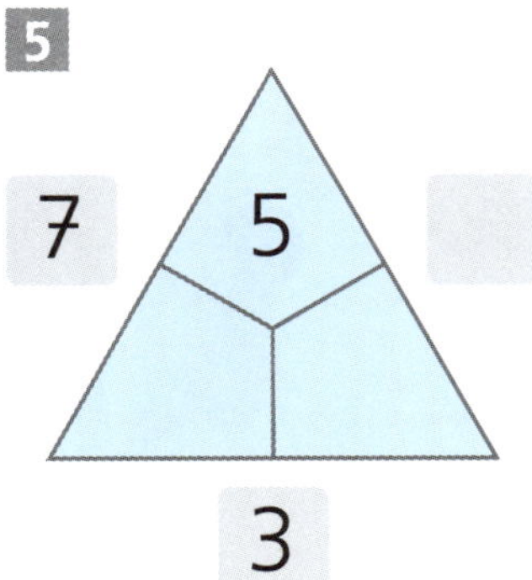

6

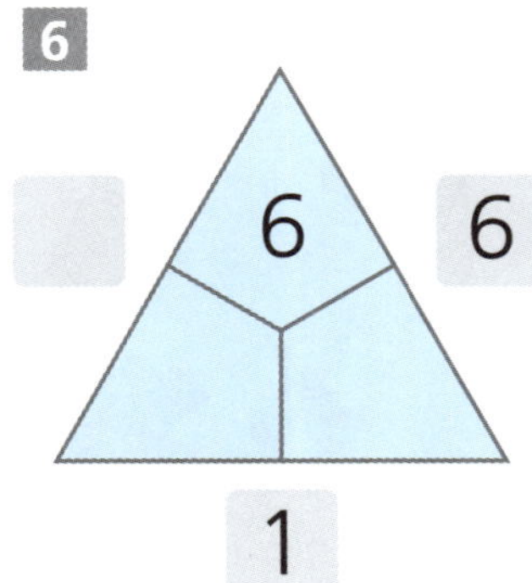

7

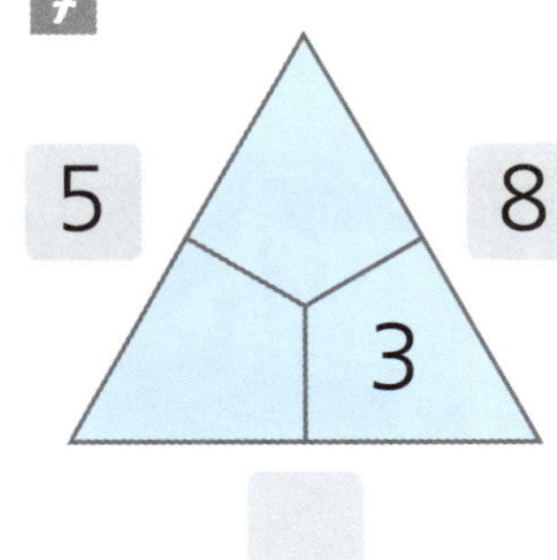

8

1 + *6* = 8 − *1*

1 + *5* = 8 − □

1 + □ = 8 − □

1 + □ = 8 − □

9

7 − *5* = 1 + □

7 − □ = 1 + □

7 − □ = 1 + □

7 − □ = 1 + □

1

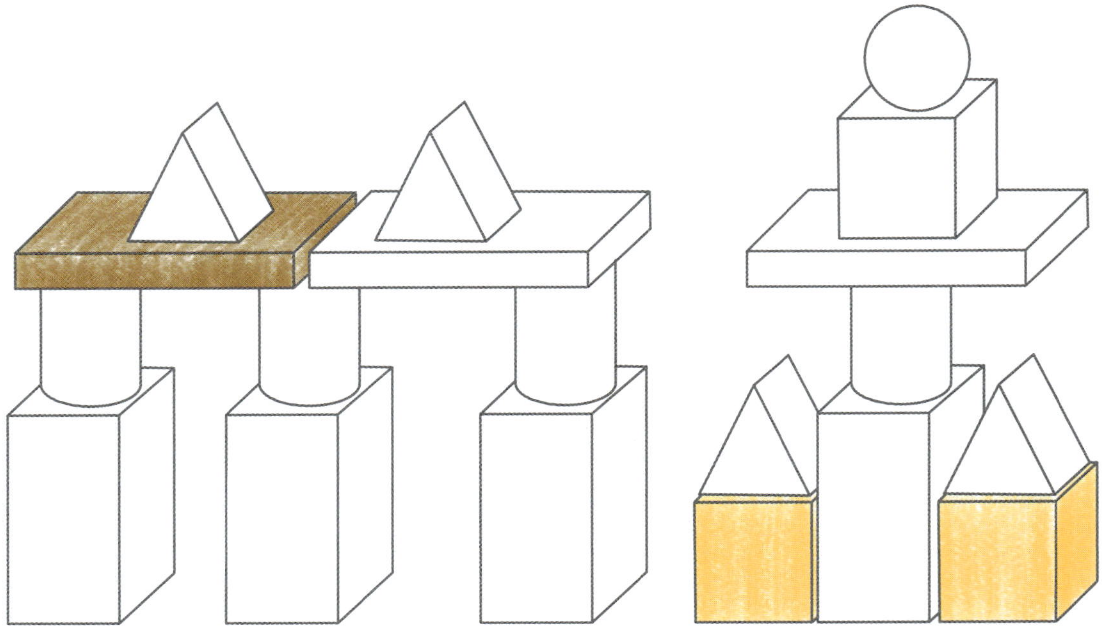

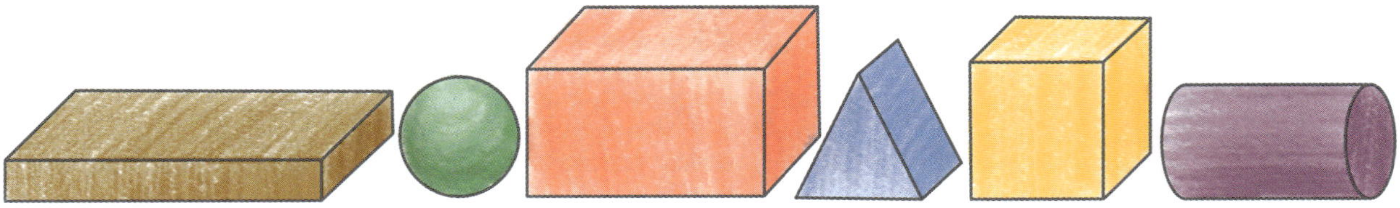

2

2 + ☐ = ☐

3

☐ + ☐ = ☐

4

☐ + ☐ = ☐

5

6 − ☐ = ☐

6

☐ − ☐ = ☐

7

☐ − ☐ = ☐

1 Körper entsprechend Vorgabe anmalen
2 bis **4** Plusaufgabe zum Bild notieren **5** bis **7** Minusaufgabe zum Bild notieren

1 Immer 9

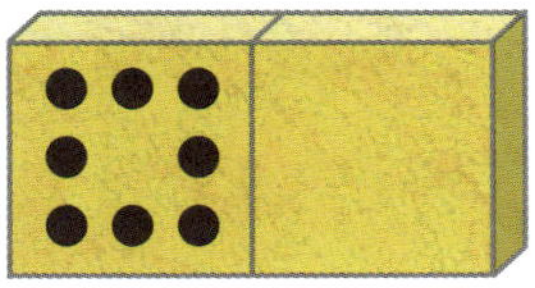

9 = +

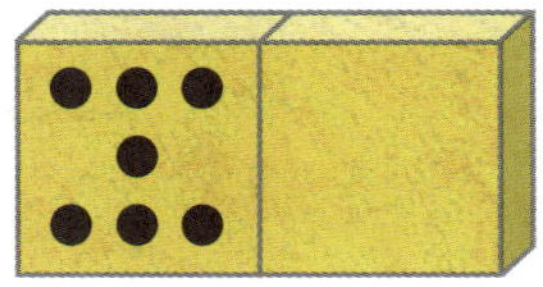

9 = +

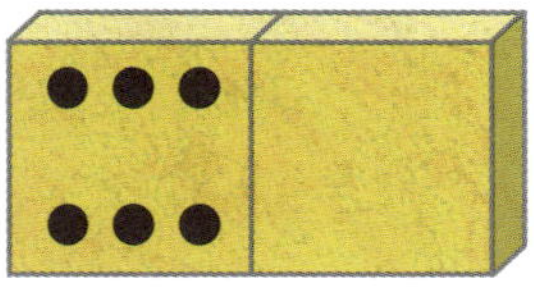

9 = +

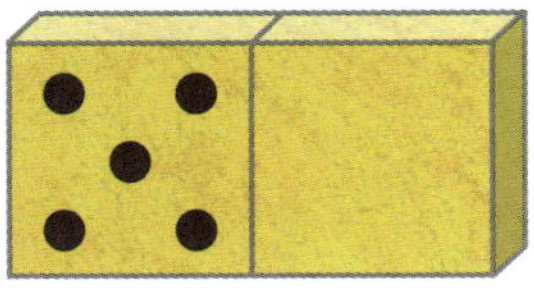

9 = +

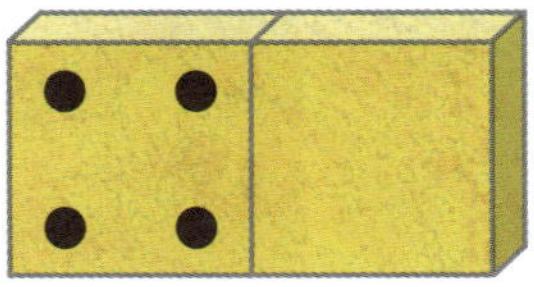

9 = +

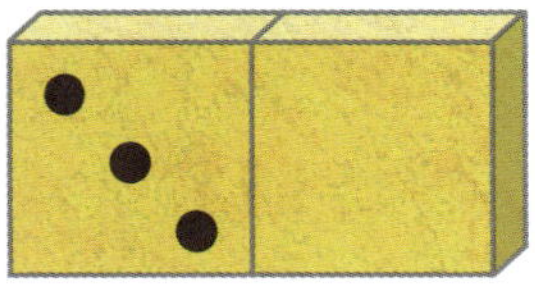

9 = +

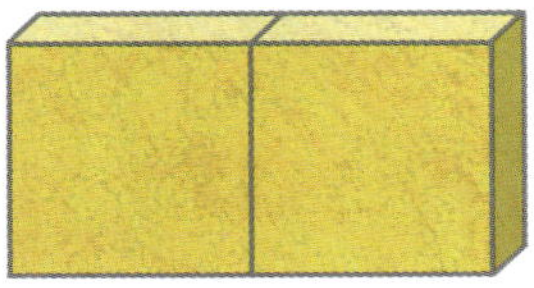

9 = 2 +

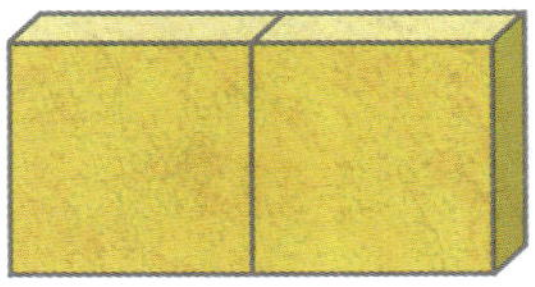

9 = + 8

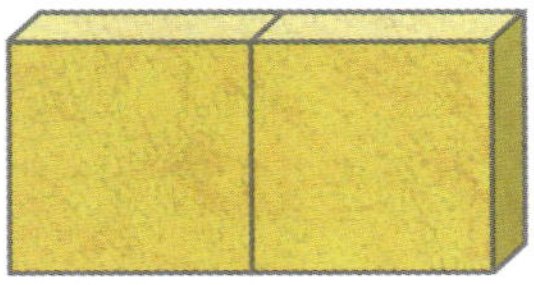

9 = +

2

6 − 1 =
4 − 1 =
8 − 1 =
5 − 1 =
1 − 1 =
3 − 1 =
9 − 1 =
2 − 1 =
7 − 1 =

3 △

4 − 2 =
3 − 2 =
2 − 2 =
9 − 2 =
5 − 2 =
6 − 2 =
8 − 2 =
7 − 2 =
1 − 2 = ✕

4 △

6 − 3 =
3 − 3 =
9 − 3 =
1 − 3 =
4 − 3 =
7 − 3 =
5 − 3 =
8 − 3 =
2 − 3 =

Erfinde selbst eine Aufgabe.
△ Mache ein ✕, wenn eine Aufgabe nicht lösbar ist.

1 9

2 + □

□ + 4

8 + □

□ + 9

3 + □

□ + 0

1 + □

□ + 2

4 + □

□ + 3

2 9

2 + 2 + 2 + □

3 9

5 + 2 + □

1 + 3 + □

4 9

3 + 3 + □

3 + 2 + 2 + □

5 9

1 + 1 + 1 + 1 + 1 + 1 + 1 + 1 + □

1 Immer 9

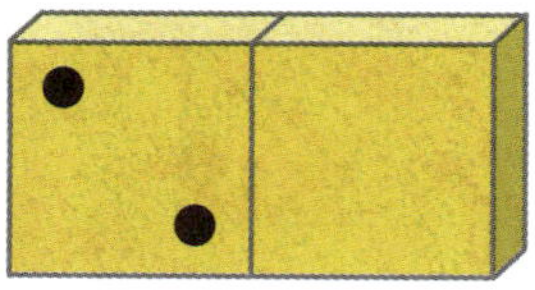

9 = ☐ + ☐

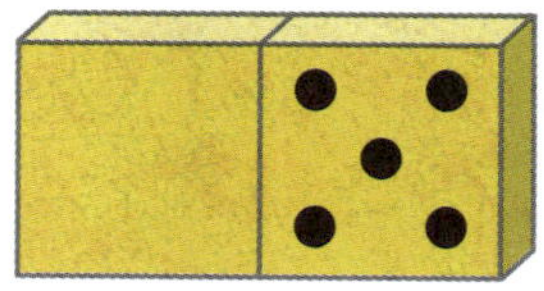

9 = ☐ + ☐

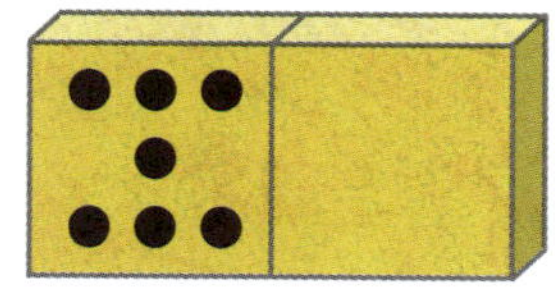

9 = ☐ + ☐

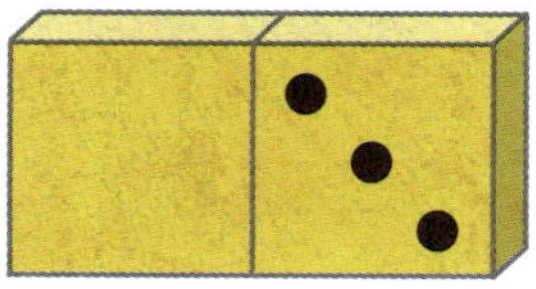

9 = ☐ + ☐

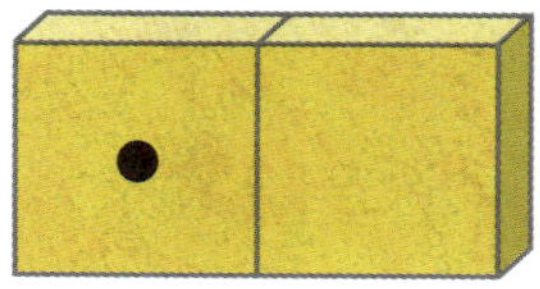

9 = ☐ + ☐

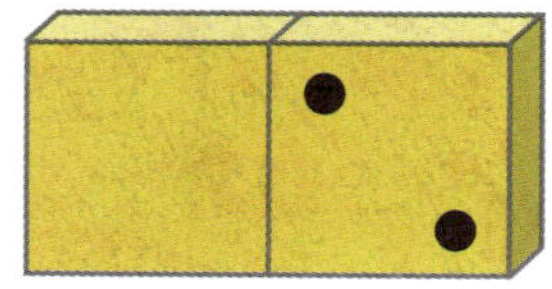

9 = ☐ + ☐

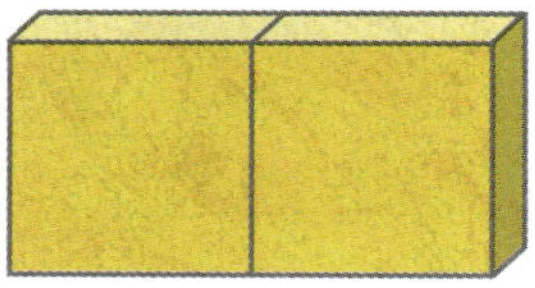

9 = 5 + ☐

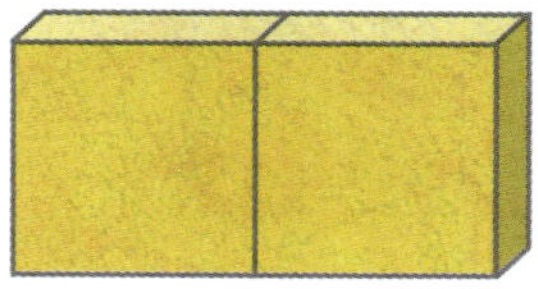

9 = ☐ + 6

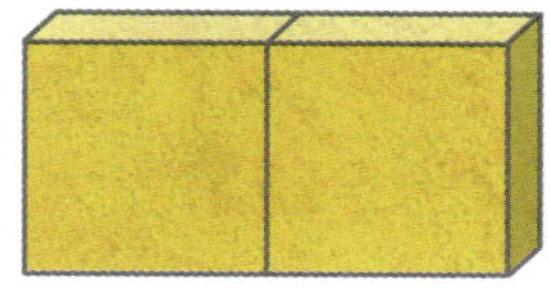

9 = ☐ + ☐

2

4 + 4 = ☐
4 + 5 = ☐

3 + 3 = ☐
3 + 4 = ☐

2 + 2 = ☐
2 + 3 = ☐

1 + 1 = ☐
1 + 2 = ☐

3

9 – 1 = ☐
9 – 8 = ☐

9 – 2 = ☐
9 – 7 = ☐

9 – 3 = ☐
9 – 6 = ☐

9 – 4 = ☐
9 – 5 = ☐

4

7 – 2 = ☐
☐ + 2 = 7

9 – 6 = ☐
☐ + 6 = 9

8 – 7 = ☐
☐ + 7 = 8

6 – 4 = ☐
☐ + 4 = 6

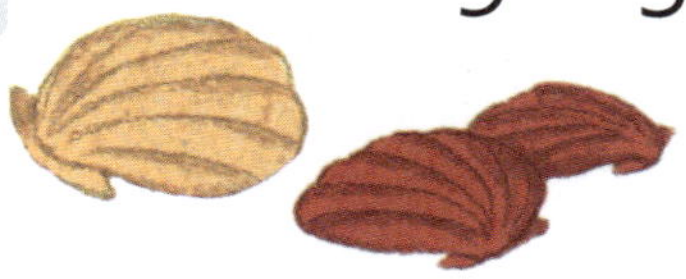

Erfinde selbst eine Aufgabe.
2 Nachbaraufgaben **3** Rechentrick Zahlentausch **4** Umkehraufgaben

1 Immer 10

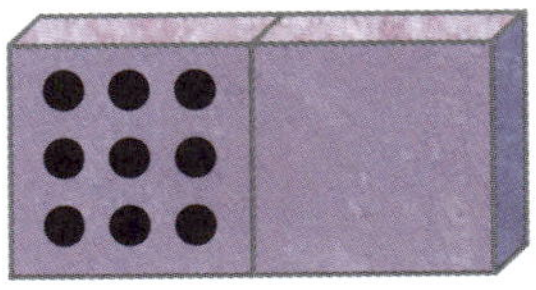

10 = +

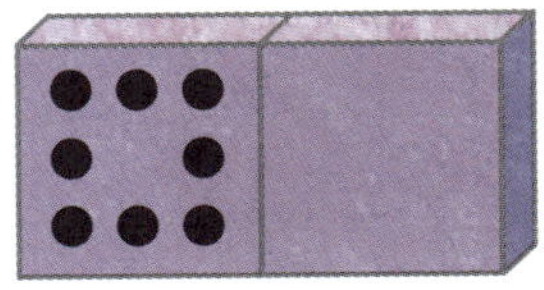

10 = +

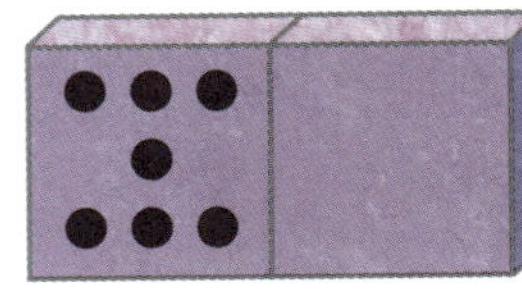

10 = +

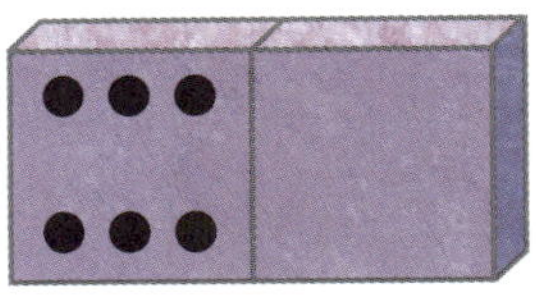

10 = +

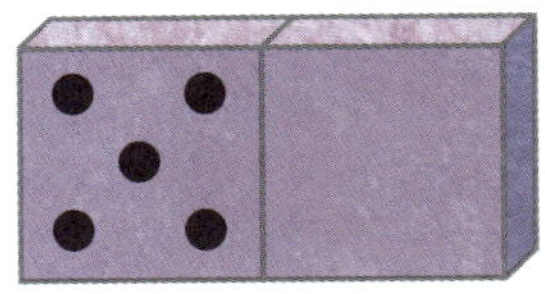

10 = +

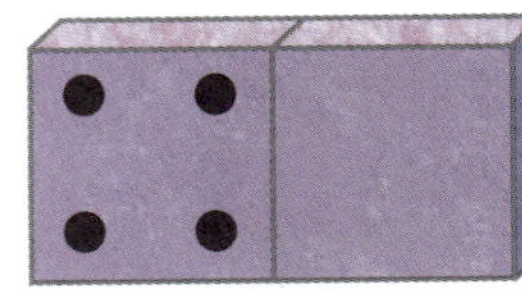

10 = +

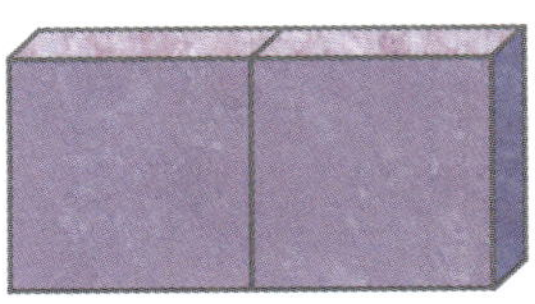

10 = + 7

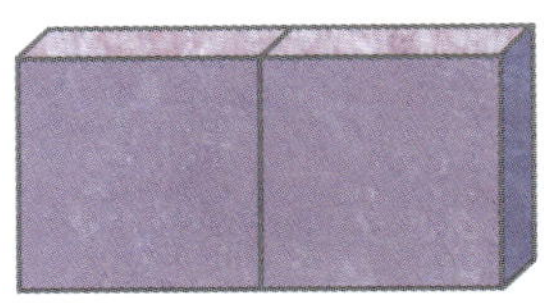

10 = + 8

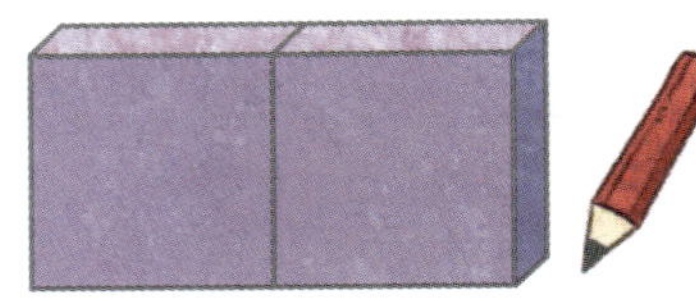

10 = +

2

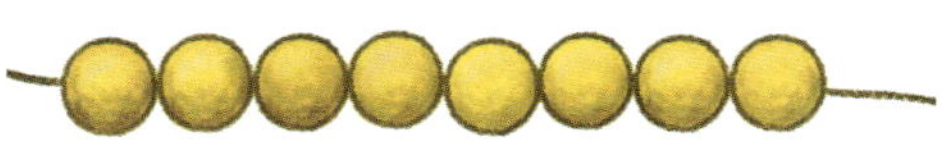

8 − 2 =

+ 2 = 8

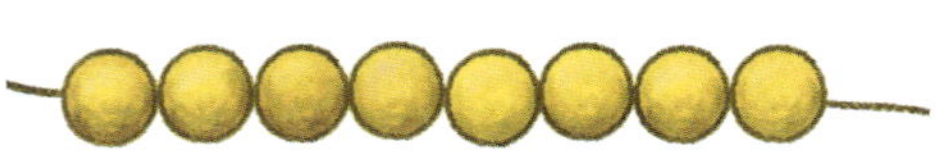

8 − 3 =

+ 3 = 8

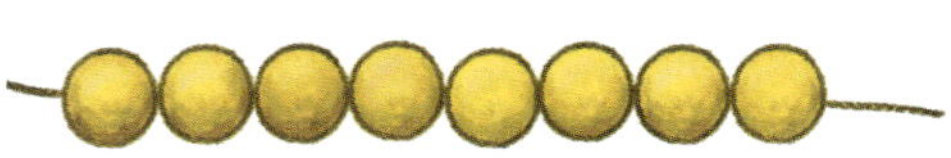

8 − 4 =

+ 4 = 8

3

9 − 3 =

+ 3 = 9

9 − 5 =

+ =

9 − 7 =

+ =

2 und **3** Umkehraufgaben ✎ Erfinde selbst eine Aufgabe.

5 + 3 + ☐

5 + 4 + ☐

5 + 2 + ☐

5 + 1 + ☐

5 + ☐

☐ + 2

6 + ☐

☐ + 1

7 + ☐

☐ + 6

10 + ☐

4 + 4 + ☐

3 + 3 + ☐

2 + 2 + ☐

1 + 1 + ☐

0 + 0 + ☐

3 + 3 + 3 + ☐

2 + 2 + 2 + ☐

4 + 3 + 2 + ☐

2 + 2 + 2 + 2 + ☐

6 + 2 + ☐

6 + 1 + ☐

6 + 3 + ☐

1

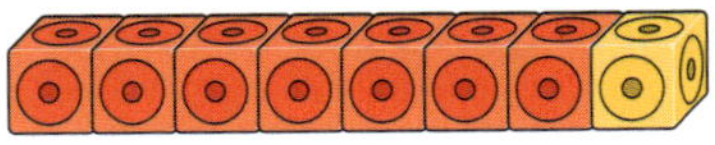

8 − 1 = ☐

8 − 7 = ☐

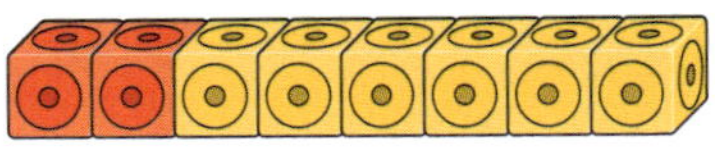

8 − 6 = ☐

8 − 2 = ☐

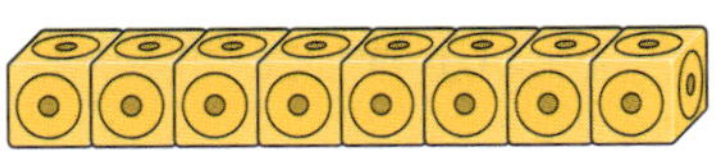

8 − 8 = ☐

8 − 0 = ☐

2

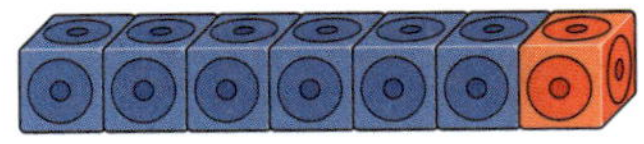

7 − 1 = ☐

7 − 6 = ☐

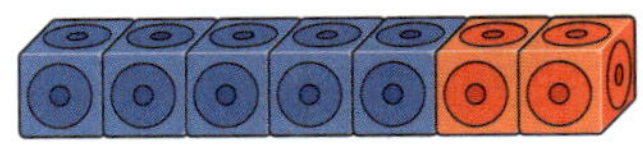

7 − 2 = ☐

7 − 5 = ☐

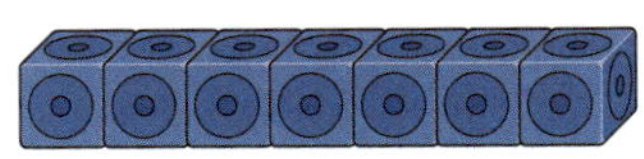

7 − 0 = ☐

7 − ☐ = ☐

3

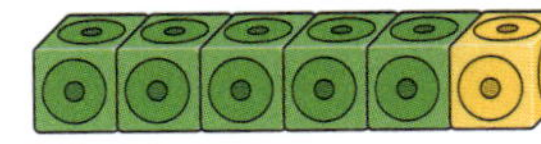

6 − 1 = ☐

6 − 5 = ☐

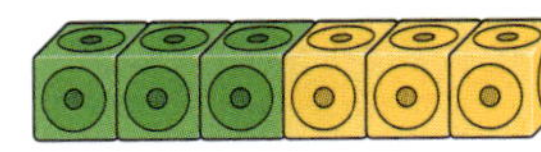

6 − 3 = ☐

6 − ☐ = ☐

6 − 4 = ☐

6 − ☐ = ☐

4 **5** **6**

0 + ☐
1 + ☐
2 + ☐
3 + ☐
4 + ☐
5 + ☐

6 + ☐
7 + ☐
8 + ☐
9 + ☐
10 + ☐

7 + ☐
3 + ☐
☐ + 5
☐ + 0
2 + ☐
8 + ☐

1 bis **3** Rechentrick Zahlentausch

1

10 = □ + 6

10 = □ + 9

10 = □ + 5

10 = □ + 8

10 = □ + 10

10 = □ + 7

10 = □ + 1

2

10 = 3 + □

10 = □ + 3

10 = 2 + □

10 = □ + 2

10 = 6 + □

10 = □ + 6

10 = 1 + □

10 = □ + 1

3

10 = 10 + □

10 = □ + 4

10 = 8 + □

10 = □ + 5

10 = 3 + □

10 = □ + 6

10 = 2 + □

4

7 − 3 = □

□ + 3 = 7

7 − 6 = □

□ + 6 = 7

7 − 2 = □

□ + 2 = 7

7 − 1 = □

□ + 1 = 7

5

8 − 4 = □

□ + 4 = 8

8 − 1 = □

□ + 1 = 8

8 − 3 = □

□ + 3 = 8

8 − 6 = □

□ + □ = □

6

6 − 6 = □

□ + 6 = 6

6 − 3 = □

□ + 3 = 6

6 − 1 = □

□ + □ = □

6 − 4 = □

□ + □ = □

1

10 = 9 + ___

10 = ___ + 9

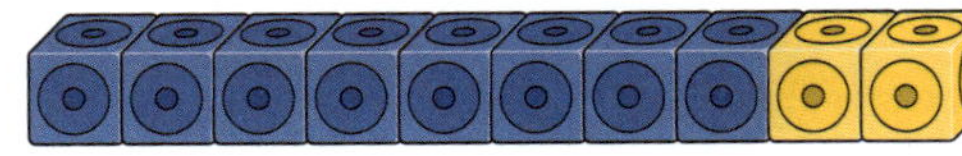

10 = 8 + ___

10 = ___ + 8

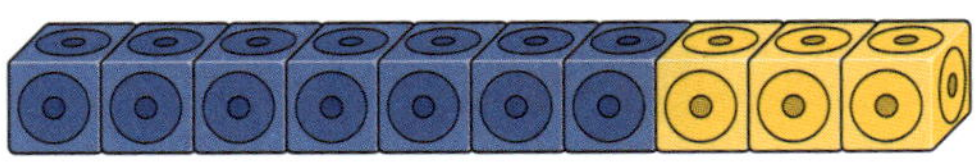

10 = ___ + ___

10 = ___ + ___

10 = ___ + ___

10 = ___ + ___

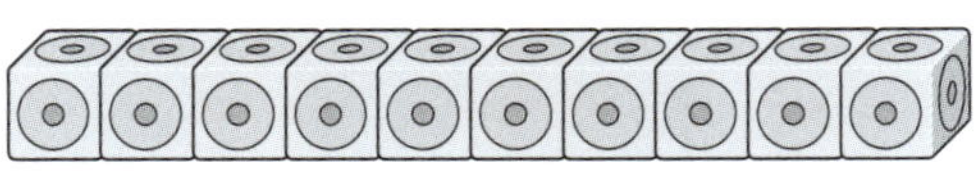

10 = 5 + ___

10 = ___ + ___

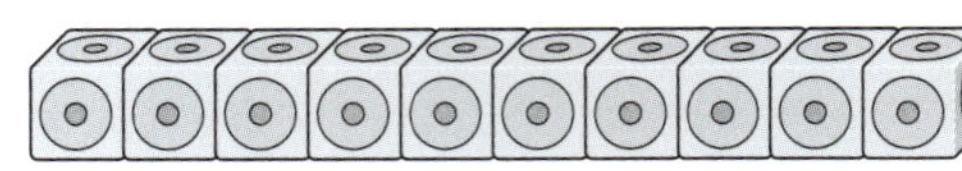

10 = 4 + ___

10 = ___ + ___

2

10 − 2 = ___
10 − 8 = ___

10 − 4 = ___
10 − 6 = ___

10 − 3 = ___
10 − 7 = ___

10 − 9 = ___
10 − ___ = ___

3

0 + 8 = ___
8 + 0 = ___

5 + 2 = ___
2 + 5 = ___

6 + 3 = ___
3 + 6 = ___

4 + 6 = ___
___ + ___ = ___

4

6 − 2 = ___
___ + 2 = 6

10 − 2 = ___
___ + 2 = 10

7 − 2 = ___
___ + 2 = 7

9 − 2 = ___
___ + ___ = ___

1 und **3** Tauschaufgaben **2** Rechentrick Zahlentausch **4** Umkehraufgaben

1

7 = 4 + □

7 = □ + 4

7 = 6 + □

7 = □ + 6

7 = 5 + □

7 = □ + 5

7 = 7 + □

7 = □ + □

2

7 − 4 = □

7 − □ = 4

7 − 2 = □

7 − □ = 2

7 − 6 = □

7 − □ = 6

7 − 7 = □

7 − □ = □

3

7 + 0 = □

□ − 0 = 7

6 + 1 = □

□ − 1 = 6

5 + 2 = □

□ − 2 = 5

4 + 3 = □

□ − □ = □

4

2 + 2 = □

2 + 3 = □

3 + 2 = □

3 + 3 = □

4 + 2 = □

4 + 3 = □

5 + 2 = □

5 + 3 = □

5

10 − 1 = □

10 − 2 = □

6 − 1 = □

6 − 2 = □

8 − 1 = □

8 − 2 = □

4 − 1 = □

4 − 2 = □

6 △

7 − 2 = □

7 + 2 = □

5 − 2 = □

5 + 2 = □

3 − 2 = □

3 + 2 = □

1 − 2 = □

1 + 2 = □

1 Tauschaufgaben **2** Rechentrick Zahlentausch **3** Umkehraufgaben **4** und **5** Nachbaraufgaben
△ Mache ein ✕, wenn eine Aufgabe nicht lösbar ist.

1

8 = 5 + ▢
8 = 3 + ▢

8 = 7 + ▢
8 = 1 + ▢

8 = 2 + ▢
8 = 6 + ▢

8 = 0 + ▢
8 = ▢ + ▢

2

8 − 3 = ▢
▢ + 3 = 8

8 − 1 = ▢
▢ + 1 = 8

8 − 6 = ▢
▢ + 6 = ▢

8 − 4 = ▢
▢ + ▢ = ▢

3

8 − 2 = ▢
8 − 6 = ▢

8 − 0 = ▢
8 − 8 = ▢

8 − 7 = ▢
8 − 1 = ▢

8 − 5 = ▢
8 − ▢ = ▢

4

3	2
1	1

7
zusammen

0	2
3	1

▢

1	0
4	2

▢

2	2
2	2

▢

3	1
2	3

▢

3	3
2	▢

9

3	1
▢	4

10

1	0
▢	6

10

1 Tauschaufgaben **2** Umkehraufgaben **3** Rechentrick Zahlentausch
4 Einführung Rechenpakete

1

9 = 3 + □
9 = □ + 3

9 = 2 + □
9 = □ + 2

9 = 0 + □
9 = □ + 0

9 = 4 + □
9 = □ + 4

9 = 8 + □
9 = □ + □

2

9 − 3 = □
9 − 6 = □

9 − 2 = □
9 − 7 = □

9 − 0 = □
9 − 9 = □

9 − 4 = □
9 − 5 = □

9 − 8 = □
9 − □ = □

3

8 + 1 = □
□ − 1 = 8

5 + 4 = □
□ − 4 = 5

2 + 7 = □
□ − 7 = 2

0 + 9 = □
□ − 9 = 0

3 + 6 = □
□ − □ = □

4

0 + 0 = □
1 + 1 = □
3 + 1 = □
5 + 1 = □
7 + 1 = □
9 + 1 = □

5 △

10 − 2 = □
8 − 2 = □
6 − 2 = □
4 − 2 = □
2 − 2 = □
0 − 2 = □

6

0 + 0 = □
1 + 1 = □
2 + 2 = □
3 + 3 = □
4 + 4 = □
5 + 5 = □

1 Tauschaufgaben **2** Rechentrick Zahlentausch **3** Umkehraufgaben
△ Mache ein ✕, wenn eine Aufgabe nicht lösbar ist.

1

10 + 0 = ___
10 + 1 = ___
10 + 2 = ___
10 + 3 = ___
10 + 4 = ___
10 + 5 = ___
10 + 6 = ___
10 + 7 = ___
10 + 8 = ___
10 + 9 = ___
10 + 10 = ___

2

10 + 3 = ___
10 + 6 = ___
10 + 0 = ___
10 + 8 = ___
10 + 5 = ___
10 + 7 = ___
10 + 9 = ___
10 + 1 = ___
10 + 10 = ___
10 + 4 = ___
10 + 2 = ___

3

10 − ___ = 10
11 − ___ = 10
12 − ___ = 10
13 − ___ = 10
14 − ___ = 10
15 − ___ = 10
16 − ___ = 10
17 − ___ = 10
18 − ___ = 10
19 − ___ = 10
20 − ___ = 10

4

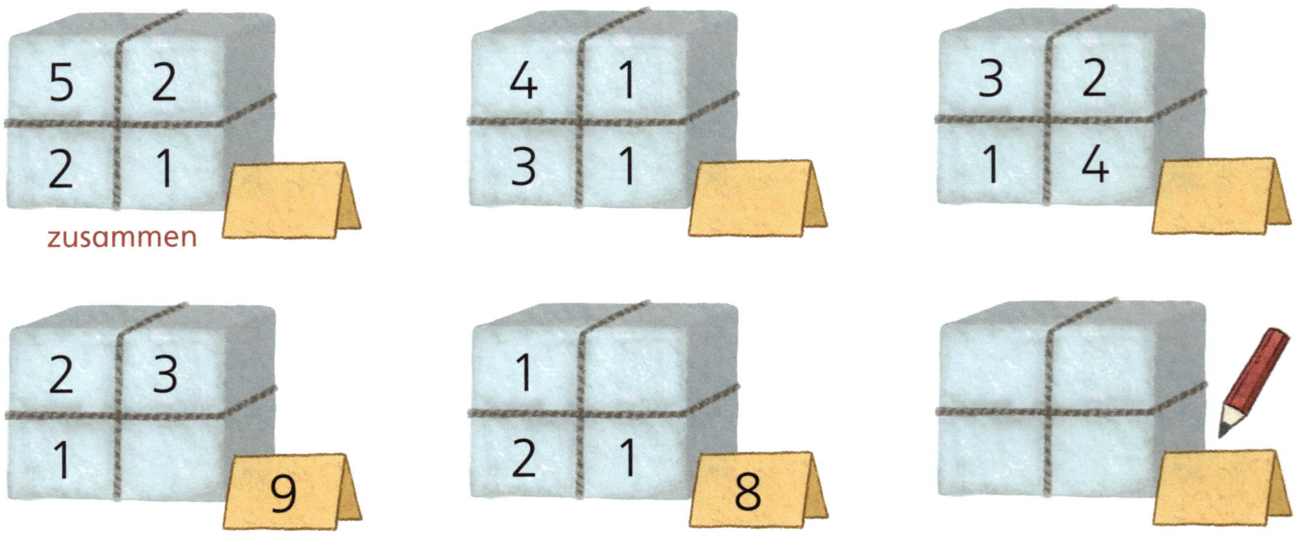

Erfinde selbst eine Aufgabe.

1

10 = 10 + ___
11 = 10 + ___
12 = 10 + ___
13 = 10 + ___
14 = ___ + ___
15 = ___ + ___
16 = ___ + ___
17 = ___ + ___
18 = ___ + ___
19 = ___ + ___
20 = ___ + ___

2

___ = 10 + 5
___ = 10 + 0
___ = 10 + 7
___ = 10 + 1
___ = 10 + 4
___ = 10 + 8
___ = 10 + 2
___ = 10 + 9
___ = 10 + 3
___ = 10 + 6
___ = 10 + 5

3

14 − ___ = 10
12 − ___ = 10
17 − ___ = 10
11 − ___ = 10
15 − ___ = 10
13 − ___ = 10
19 − ___ = 10
16 − ___ = 10
10 − ___ = 10
18 − ___ = 10
20 − ___ = 10

4

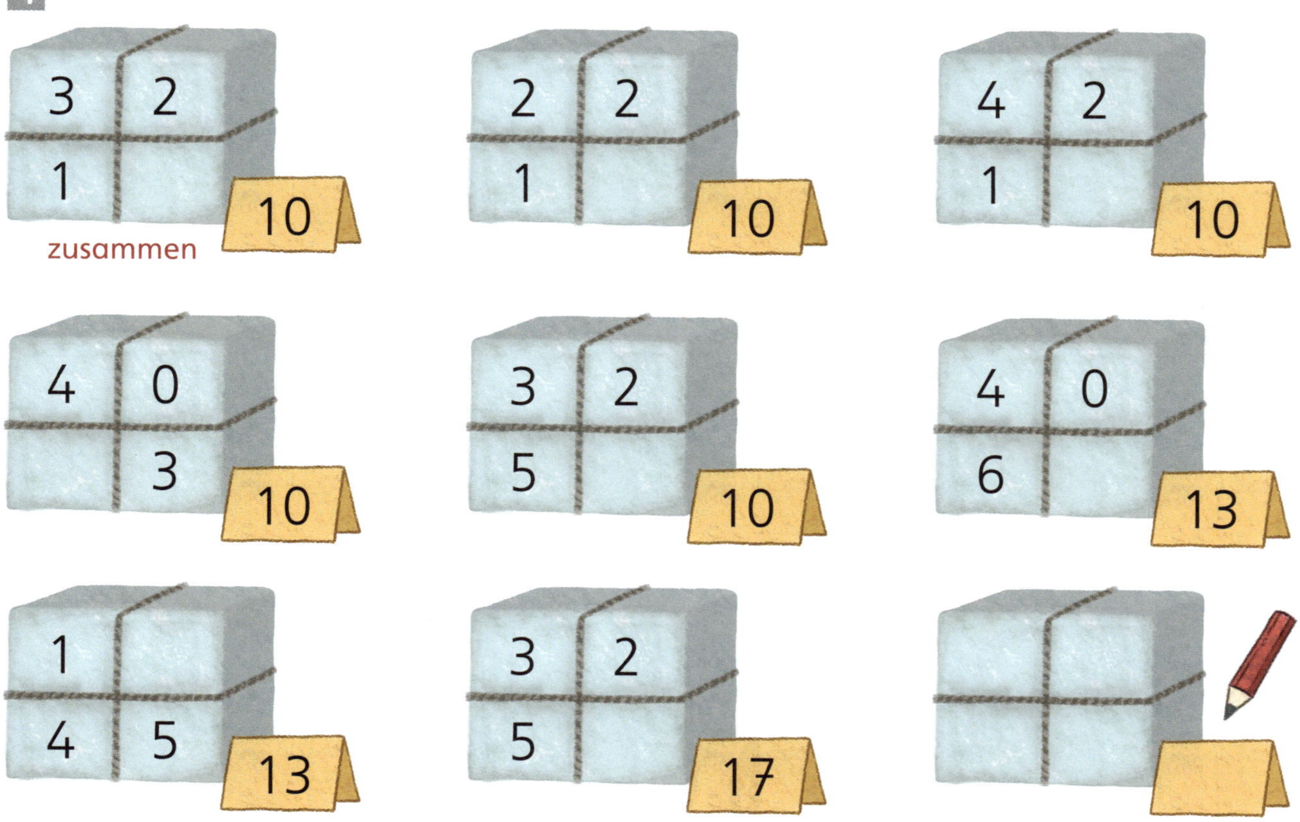

Erfinde selbst eine Aufgabe.

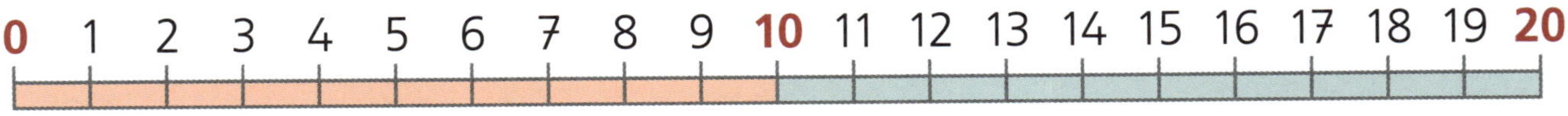

1

5 + 1 = ☐
15 + 1 = ☐

5 + 2 = ☐
15 + 2 = ☐

3 + 1 = ☐
13 + 1 = ☐

3 + 2 = ☐
13 + 2 = ☐

2

2 + 1 = ☐
12 + 1 = ☐

2 + 2 = ☐
12 + 2 = ☐

0 + 1 = ☐
☐ + 1 = ☐

0 + 2 = ☐
☐ + 2 = ☐

3

4 + 1 = ☐
14 + 1 = ☐

4 + 2 = ☐
14 + 2 = ☐

6 + 1 = ☐
☐ + 1 = ☐

6 + 2 = ☐
☐ + 2 = ☐

4

5 + 0 = ☐
0 + 5 = ☐

5 + 1 = ☐
1 + 5 = ☐

5 + 2 = ☐
☐ + ☐ = ☐

5

5 + 3 = ☐
☐ + ☐ = ☐

5 + ☐ = ☐
☐ + ☐ = ☐

5 + ☐ = ☐
☐ + ☐ = ☐

1 bis **3** Analogieaufgaben **4** und **5** Tauschaufgaben

0 1 2 3 4 5 6 7 8 9 10 11 12 13 14 15 16 17 18 19 20

1

2 − 1 = ☐
12 − 1 = ☐

2 − 2 = ☐
12 − 2 = ☐

5 − 1 = ☐
15 − 1 = ☐

5 − 2 = ☐
15 − 2 = ☐

2

10 − 1 = ☐
20 − 1 = ☐

10 − 2 = ☐
20 − 2 = ☐

4 − 1 = ☐
14 − 1 = ☐

☐ − 2 = ☐
14 − 2 = ☐

3

3 − 1 = ☐
13 − 1 = ☐

3 − 2 = ☐
13 − 2 = ☐

☐ − 1 = ☐
16 − 1 = ☐

☐ − 2 = ☐
16 − 2 = ☐

4 **5** **6**

1

3 + □ = 10
7 + □ = 10

4 + □ = 10
6 + □ = 10

1 + □ = 10
9 + □ = 10

2 + □ = 10
8 + □ = 10

2

2 + □ = 10
9 + □ = 10
4 + □ = 10
10 + □ = 10
3 + □ = 10
7 + □ = 10
5 + □ = 10
6 + □ = 10
8 + □ = 10

3

□ + 0 = 10
□ + 7 = 10
□ + 4 = 10
□ + 2 = 10
□ + 6 = 10
□ + 5 = 10
□ + 1 = 10
□ + 8 = 10
□ + 3 = 10

4

Erfinde selbst eine Aufgabe.

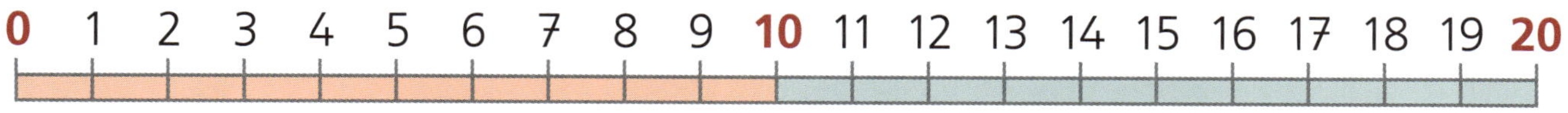

1

2 + 1 = ___
12 + 1 = ___

2 + 2 = ___
12 + 2 = ___

4 + 1 = ___
14 + 1 = ___

4 + 2 = ___
14 + 2 = ___

2

6 + 1 = ___
16 + 1 = ___

6 + 2 = ___
16 + 2 = ___

8 + 1 = ___
18 + 1 = ___

___ + ___ = ___
18 + 2 = ___

3

7 + 1 = ___
17 + 1 = ___

7 + 2 = ___
17 + 2 = ___

___ + ___ = ___
15 + 1 = ___

___ + ___ = ___
15 + 2 = ___

4

10 − 2 = ___
___ + 2 = 10

10 − 4 = ___
___ + 4 = 10

10 − 7 = ___
___ + 7 = 10

10 − 5 = ___
___ + 5 = 10

5

9 − 1 = ___
___ + 1 = 9

9 − 8 = ___
___ + 8 = 9

9 − 4 = ___
___ + 4 = 9

9 − 2 = ___
___ + ___ = ___

6

8 − 4 = ___
___ + 4 = 8

8 − 3 = ___
___ + 3 = ___

8 − 1 = ___
___ + ___ = ___

8 − 5 = ___
___ + ___ = ___

1 bis **3** Analogieaufgaben **4** bis **6** Umkehraufgaben

Der 2. Rechenmeister

1

3 + 3 = ☐
7 + 1 = ☐
4 + 3 = ☐
6 + 2 = ☐
2 + 1 = ☐

2

4 – 1 = ☐
9 – 2 = ☐
3 – 3 = ☐
5 – 1 = ☐
10 – 5 = ☐

3

5 + 4 = ☐
8 – 6 = ☐
9 + 1 = ☐
6 – 4 = ☐
8 + 0 = ☐

4

3 + ☐ = 10
5 + ☐ = 10
7 + ☐ = 10
2 + ☐ = 10
1 + ☐ = 10

5

☐ + 6 = 10
☐ + 9 = 10
☐ + 4 = 10
☐ + 8 = 10
☐ + 0 = 10

6

10 – 1 = ☐
10 – 2 = ☐
10 – 3 = ☐
10 – 4 = ☐
10 – 5 = ☐

7

1 + 1 = ☐
11 + 1 = ☐

4 + 2 = ☐
14 + 2 = ☐

7 + 1 = ☐
☐ + 1 = ☐

5 + 2 = ☐
☐ + 2 = ☐

8

3 – 1 = ☐
13 – 1 = ☐

5 – 1 = ☐
15 – 1 = ☐

1 – 1 = ☐
☐ – 1 = ☐

9 – 1 = ☐
☐ – 1 = ☐

9

4 – 2 = ☐
14 – 2 = ☐

7 – 2 = ☐
17 – 2 = ☐

☐ – ☐ = ☐
12 – 2 = ☐

☐ – ☐ = ☐
20 – 2 = ☐

Du hast ☐ von 54 Aufgaben richtig gelöst.
Urkunde zum Ausdrucken → www.das-uebungsheft-1.de/urkunde

1

2

7	+	1	=	
8	−	2	=	
6	+	1	=	
7	−	2	=	
5	+	1	=	
	−		=	
	+		=	
	−		=	3

3

0	+	3	=	
3	−	1	=	
2	+	3	=	
5	−	1	=	
4	+	3	=	
	−		=	
	+		=	
	−		=	8

4

20	−	2	=	
18	−	3	=	
15	−	2	=	
13	−	3	=	
10	−	2	=	
	−		=	
	−		=	
	−		=	0

1 Formen (Dreiecke, Quadrat, Kreis, Rechteck) entsprechend Vorgabe anmalen
2 bis **4** Aufgabenfolgen **2** bis **4** bereiten auf die Knobelseiten 82 und 83 vor.

1

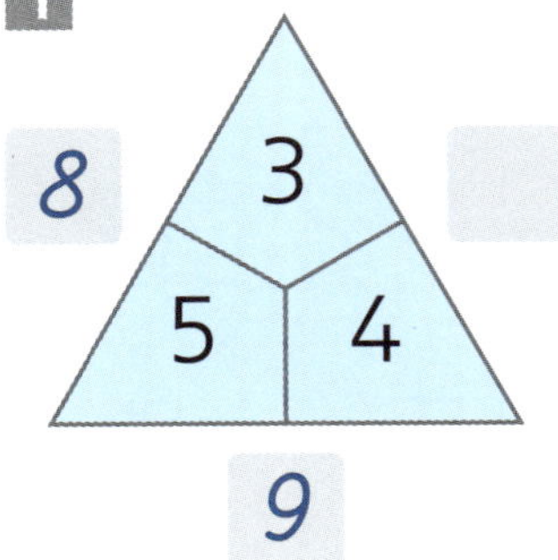

2

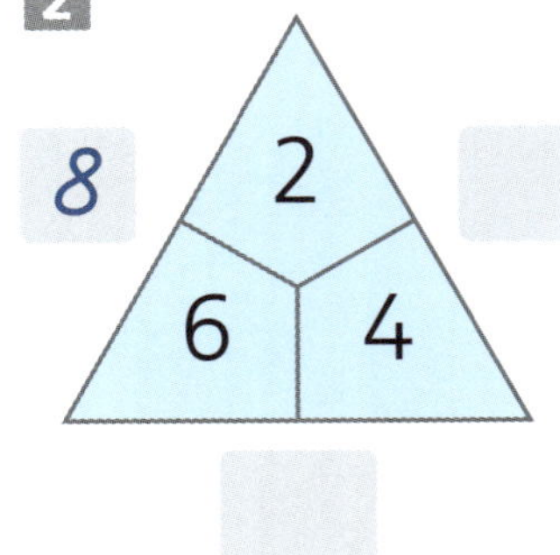

3

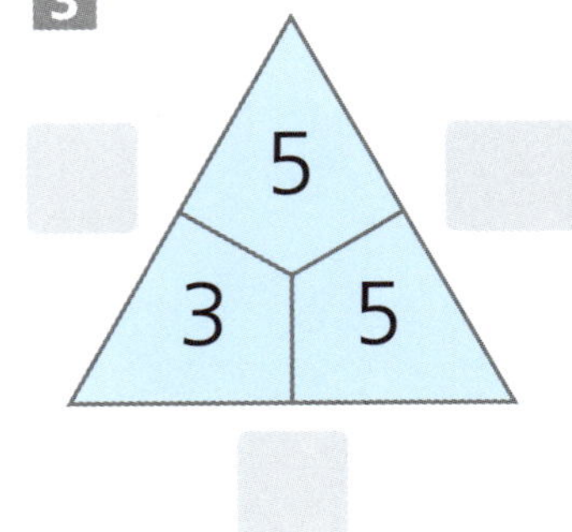

4

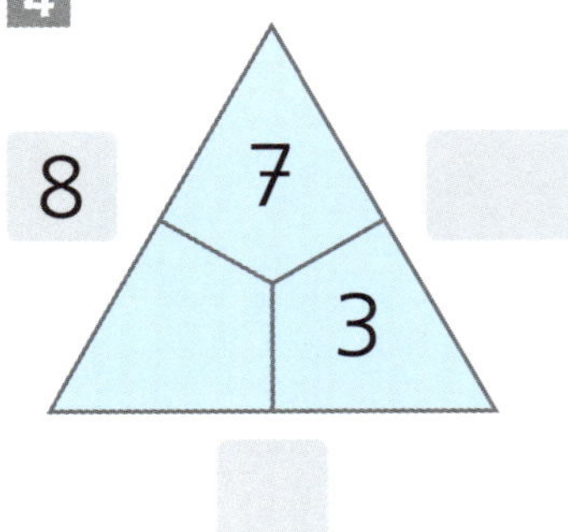

5

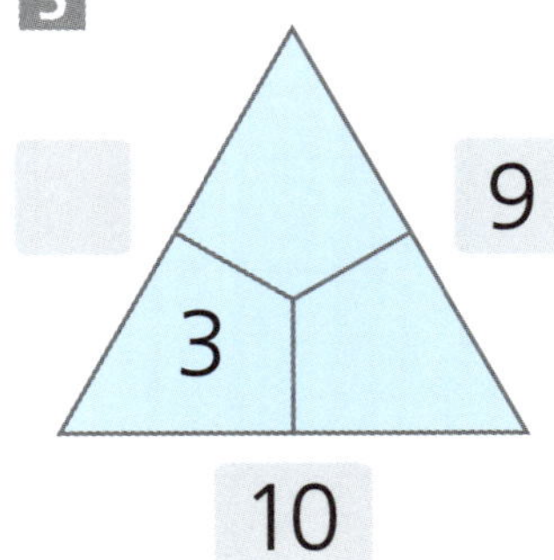

6

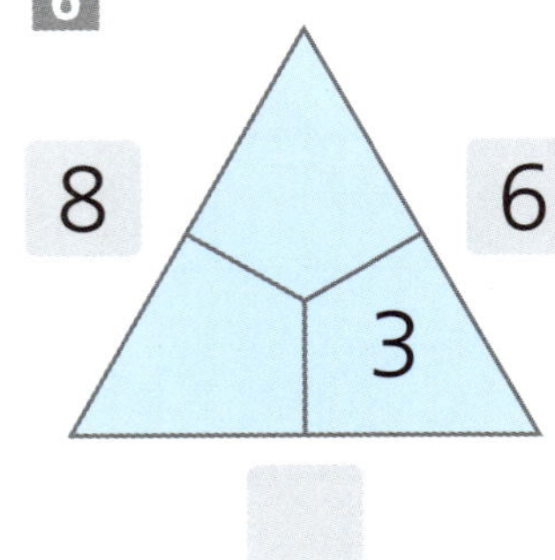

7

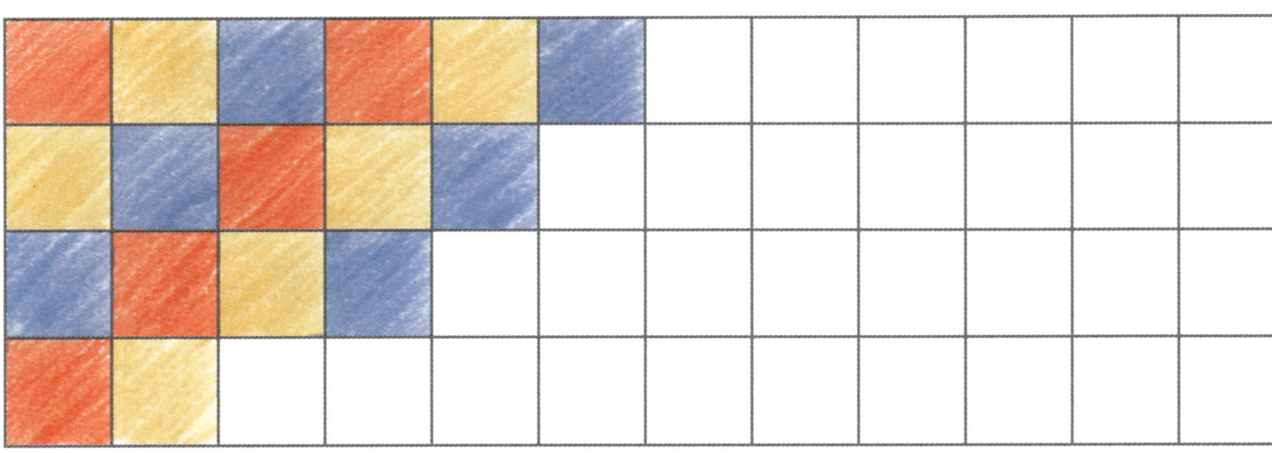

8

1		4		7							
	2		5		8						17
3		6		9							

Keller · Pfaff

Das Übungsheft

Mathematik

Lösungsheft

Mildenberger

Das Übungsheft 1 – Lösungen (Seite 2–5)

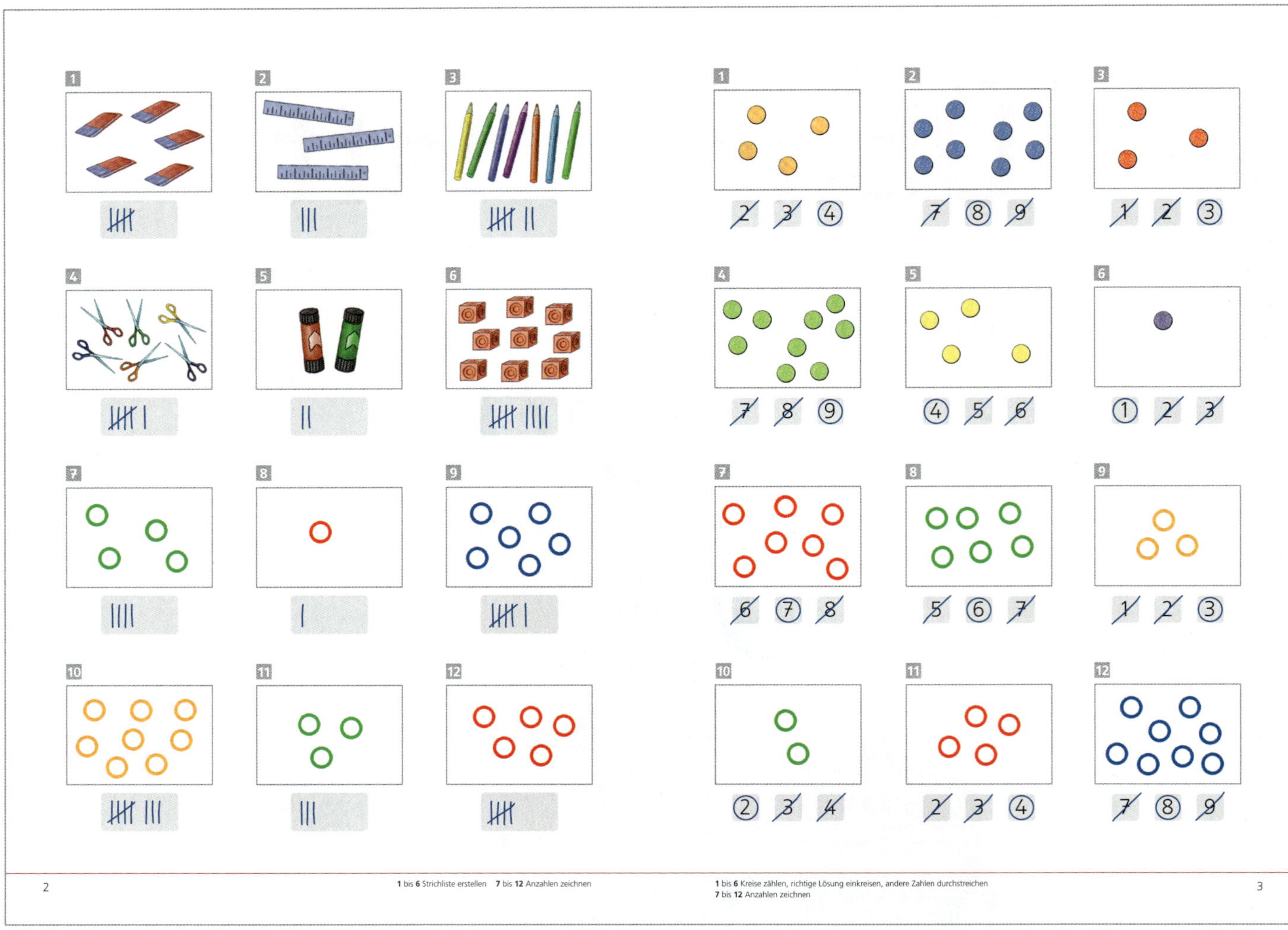

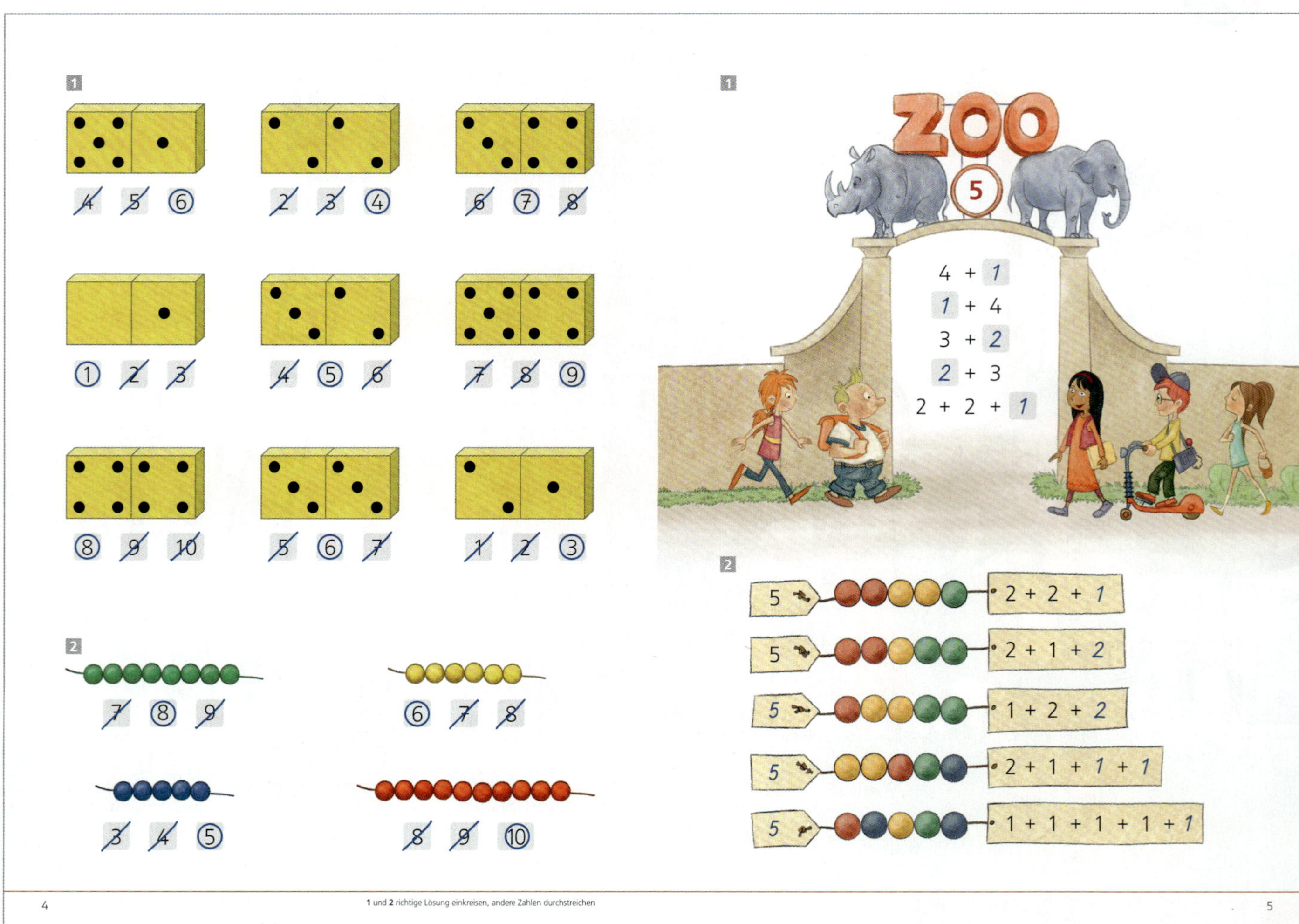

1

2

6 – 2 + 2 + 1 + 1

6 – 1 + 2 + 1 + 2

6 – 1 + 1 + 1 + 3

6 – 3 + 1 + 1 + 1

6 – 1 + 1 + 2 + 2

6 – 2 + 1 + 1 + 2

1 Immer 5

3 + 2	1 + 4	4 + 1	2 + 3
1 + 4	4 + 1	3 + 2	2 + 3
4 + 1	3 + 2	4 + 1	3 + 2

2

3

4

1 Immer 6

6 = 4 + 2	6 = 3 + 3	6 = 2 + 4
6 = 1 + 5	6 = 3 + 3	6 = 4 + 2
6 = 5 + 1	6 = 4 + 2	6 = + ✏

2

3

✏ Erfinde selbst eine Aufgabe.

1 Immer 7

7 = 6 + 1	7 = 5 + 2	7 = 4 + 3
7 = 3 + 4	7 = 2 + 5	7 = 1 + 6
7 = 5 + 2	7 = 1 + 6	7 = 3 + 4

2	3	4
4 + 1 = 5	3 + 1 = 4	5 + 1 = 6
4 + 2 = 6	3 + 2 = 5	5 + 2 = 7
4 + 3 = 7	3 + 3 = 6	2 + 3 = 5
2 + 4 = 6	3 + 4 = 7	1 + 5 = 6

1 7

5 + 2
2 + 5
6 + 1
1 + 6
4 + 3
3 + 4

2 7

1 + 1 + 5
2 + 2 + 3
3 + 3 + 1
2 + 1 + 4
3 + 1 + 3
4 + 1 + 2

3 Immer 7

7 = 4 + 3
7 = 2 + 5
7 = 6 + 1
7 = 2 + 5
7 = 6 + 1
7 = 5 + 2
7 = 3 + 4
7 = 1 + 6
7 = +

1 7

6 + 1
5 + 2
4 + 3
3 + 4
2 + 5
1 + 6

2 7

1 + 6
3 + 4
6 + 1
4 + 3
5 + 2
2 + 5

3 7

4 + 3
3 + 4
5 + 2
2 + 5
1 + 6
6 + 1

4

1 + 1 = 2
2 + 1 = 3
3 + 1 = 4
4 + 1 = 5
5 + 1 = 6
6 + 1 = 7

5

1 + 2 = 3
2 + 2 = 4
3 + 2 = 5
4 + 2 = 6
5 + 2 = 7

6

3 + 2 = 5
3 + 3 = 6
3 + 4 = 7
4 + 1 = 5
4 + 2 = 6
4 + 3 = 7

Erfinde selbst eine Aufgabe.

1 8

7 + 1
1 + 7
6 + 2
2 + 6
5 + 3
3 + 5
4 + 4

2 8

3 + 3 + 2
2 + 2 + 4
1 + 1 + 6
4 + 1 + 3
5 + 1 + 2
2 + 2 + 2 + 2
3 + 3 + 1 + 1
4 + 2 + 1 + 1
1 + 2 + 3 + 2

3

4 + 4 = 8
4 + 3 = 7
4 + 2 = 6
4 + 1 = 5

4

1 + 3 = 4
2 + 3 = 5
3 + 3 = 6
4 + 3 = 7

5

1 + 4 = 5
2 + 4 = 6
3 + 4 = 7
4 + 4 = 8

1 Immer 8

8 = 7 + 1
8 = 6 + 2
8 = 5 + 3
8 = 4 + 4
8 = 3 + 5
8 = 2 + 6
8 = 1 + 7
8 = 4 + 4
8 = +

2

6 = 3 + 3
6 = 4 + 2
6 = 1 + 5
6 = 2 + 4
6 = 5 + 1
6 = 2 + 2 + 2
6 = 1 + 1 + 4
6 = 3 + 1 + 2

3

7 = 5 + 2
7 = 3 + 4
7 = 2 + 5
7 = 2 + 5
7 = 4 + 3
7 = 1 + 6
7 = 3 + 2 + 2
7 = 4 + 1 + 2

Erfinde selbst eine Aufgabe.

4 Immer 8

8 = 1 + 7
8 = 7 + 1

8 = 6 + 2
8 = 2 + 6

8 = 5 + 3
8 = 3 + 5

8 = 2 + 6
8 = 6 + 2

8 = 3 + 5
8 = 5 + 3

8 = +
8 = +

4 Tauschaufgaben ✎ Erfinde selbst eine Aufgabe.

1
5 − 3 = 2
5 − 2 = 3

2
5 − 4 = 1
5 − 1 = 4

3
5 − 5 = 0
5 − 0 = 5

4
6 − 1 = 5
6 − 5 = 1

5
6 − 2 = 4
6 − 4 = 2

6
6 − 6 = 0
6 − 0 = 6

7
1 − 1 = 0
2 − 1 = 1
3 − 1 = 2
4 − 1 = 3
5 − 1 = 4
6 − 1 = 5
7 − 1 = 6
8 − 1 = 7

8 △
1 − 2 = ✕
2 − 2 = 0
3 − 2 = 1
4 − 2 = 2
5 − 2 = 3
6 − 2 = 4
7 − 2 = 5
8 − 2 = 6

9 △
6 − 0 = 6
6 − 1 = 5
6 − 2 = 4
6 − 3 = 3
6 − 4 = 2
6 − 5 = 1
6 − 6 = 0
6 − 7 = ✕

1 bis 6 Rechentrick Zahlentausch 7 bis 9 Was fällt auf? Regelmäßigkeiten beschreiben
△ Mache ein ✕, wenn eine Aufgabe nicht lösbar ist.

1
7 − 1 = 6
7 − 6 = 1

7 − 2 = 5
7 − 5 = 2

7 − 3 = 4
7 − 4 = 3

2
6 − 1 = 5
6 − 5 = 1

6 − 2 = 4
6 − 4 = 2

6 − 0 = 6
6 − 6 = 0

3
8 − 7 = 1
8 − 1 = 7

8 − 6 = 2
8 − 2 = 6

8 − 5 = 3
8 − 3 = 5

4
8 − 1 = 7
8 − 7 = 1
8 − 2 = 6
8 − 6 = 2
8 − 3 = 5
8 − 5 = 3
8 − 8 = 0
8 − 0 = 8

5
3 − 1 = 2
3 − 2 = 1
5 − 1 = 4
5 − 4 = 1
6 − 1 = 5
6 − 5 = 1
7 − 1 = 6
7 − 6 = 1

6
2 − 1 = 1
2 − 2 = 0
3 − 1 = 2
3 − 3 = 0
4 − 1 = 3
4 − 4 = 0
5 − 1 = 4
5 − 5 = 0

1 bis 5 Rechentrick Zahlentausch

1

4 − 1 = 3
4 − 2 = 2

5 − 1 = 4
5 − 2 = 3

6 − 1 = 5
6 − 2 = 4

7 − 1 = 6
7 − 2 = 5

8 − 1 = 7
8 − 2 = 6

2

4 − 0 = 4
4 − 4 = 0

5 − 0 = 5
5 − 5 = 0

6 − 0 = 6
6 − 6 = 0

7 − 0 = 7
7 − 7 = 0

8 − 0 = 8
8 − 8 = 0

3

2 − 2 = 0
2 − 0 = 2
6 − 4 = 2
6 − 2 = 4
5 − 1 = 4
5 − 4 = 1

4

3 − 3 = 0
3 − 0 = 3
7 − 4 = 3
7 − 3 = 4
8 − 1 = 7
8 − 7 = 1

5

8 − 0 = 8
8 − 4 = 4
6 − 0 = 6
6 − 3 = 3
4 − 0 = 4
4 − 2 = 2

2 bis **4** Rechentrick Zahlentausch

Der 1. Rechenmeister

5 min

1

6 = 3 + 3
6 = 2 + 4
6 = 0 + 6
6 = 1 + 5

2

7 = 5 + 2
7 = 3 + 4
7 = 6 + 1
7 = 7 + 0

3

8 = 1 + 7
8 = 4 + 4
8 = 6 + 2
8 = 5 + 3

4 4 4

4

3 + 2 = 5
3 + 3 = 6
4 + 4 = 8
4 + 3 = 7

5

5 + 2 = 7
2 + 6 = 8
4 + 1 = 5
2 + 2 = 4

6

7 = 4 + 1 + 2
5 = 2 + 2 + 1
8 = 3 + 3 + 2
5 = 1 + 2 + 2

4 4 4

7

4 − 1 = 3
4 − 0 = 4
4 − 3 = 1
4 − 2 = 2

8

5 − 1 = 4
5 − 4 = 1
5 − 0 = 5
5 − 3 = 2

9

7 − 6 = 1
7 − 0 = 7
7 − 3 = 4
7 − 5 = 2

4 4 4

10

3 − 2 = 1
3 − 3 = 0
2 − 1 = 1
2 − 0 = 2

11

6 − 4 = 2
6 − 6 = 0
6 − 3 = 3
6 − 5 = 1

12

8 − 4 = 4
8 − 2 = 6
8 − 7 = 1
8 − 8 = 0

4 4 4

Du hast ___ von 48 Aufgaben richtig gelöst.
Urkunde zum Ausdrucken → www.das-uebungsheft-1.de/urkunde

Rund um die Mathematik

1

2

3

8 − 8 = 0
0 + 6 = 6
6 − 6 = 0
0 + 4 = 4
4 − 4 = 0
0 + 2 = 2
2 − 2 = 0
0 + 0 = 0

4

7 + 1 = 8
8 − 2 = 6
6 + 1 = 7
7 − 2 = 5
5 + 1 = 6
6 − 2 = 4
4 + 1 = 5
5 − 2 = 3

5

5 − 4 = 1
1 + 5 = 6
6 − 4 = 2
2 + 5 = 7
7 − 4 = 3
3 + 5 = 8
8 − 4 = 4
4 + 5 = 9

1 und **2** Muster fortsetzen **3** bis **5** Aufgabenfolgen
3 bis **5** bereiten auf die Knobelseiten 82 und 83 vor.

1

2

4 1 3
3 2
5

3

5 2 6
3 4
7

4

3 1 3
2 2
4

5

7 5 6
2 1
3

6

7 6 6
1 0
1

7

5 5 8
0 3
3

8

1 + 6 = 8 − 1
1 + 5 = 8 − 2
1 + 4 = 8 − 3
1 + 3 = 8 − 4

9

7 − 5 = 1 + 1
7 − 4 = 1 + 2
7 − 3 = 1 + 3
7 − 2 = 1 + 4

1 bis **7** Einführung Rechendreiecke **8** und **9** Aufgabenfolgen
8 und **9** bereiten auf die Knobelseiten 82 und 83 vor.

Rund um die Mathematik

1

2

2 + 3 = 5

3

4 + 3 = 7

4

3 + 1 = 4

5

6 − 2 = 4

6

3 − 2 = 1

7

4 − 1 = 3

1 Körper entsprechend Vorgabe anmalen
2 bis 4 Plusaufgabe zum Bild notieren 5 bis 7 Minusaufgabe zum Bild notieren

1 Immer 9

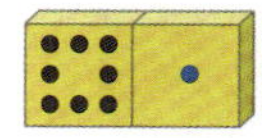

9 = 8 + 1

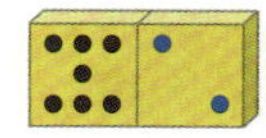

9 = 7 + 2

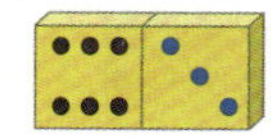

9 = 6 + 3

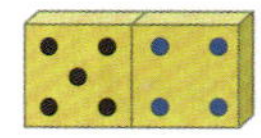

9 = 5 + 4

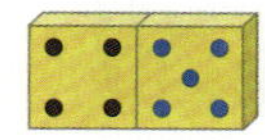

9 = 4 + 5

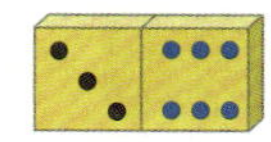

9 = 3 + 6

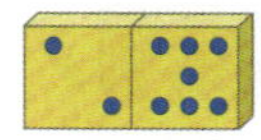

9 = 2 + 7

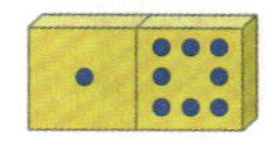

9 = 1 + 8

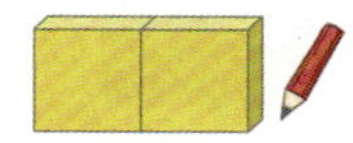

9 = +

2	3 △	4 △
6 − 1 = 5	4 − 2 = 2	6 − 3 = 3
4 − 1 = 3	3 − 2 = 1	3 − 3 = 0
8 − 1 = 7	2 − 2 = 0	9 − 3 = 6
5 − 1 = 4	9 − 2 = 7	1 − 3 = X
1 − 1 = 0	5 − 2 = 3	4 − 3 = 1
3 − 1 = 2	6 − 2 = 4	7 − 3 = 4
9 − 1 = 8	8 − 2 = 6	5 − 3 = 2
2 − 1 = 1	7 − 2 = 5	8 − 3 = 5
7 − 1 = 6	1 − 2 = X	2 − 3 = X

Erfinde selbst eine Aufgabe.
△ Mache ein X, wenn eine Aufgabe nicht lösbar ist.

1 Immer 9

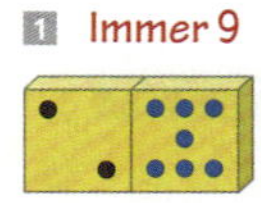

9 = 2 + 7

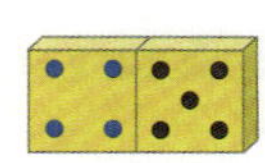

9 = 4 + 5

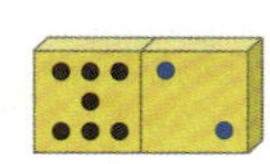

9 = 7 + 2

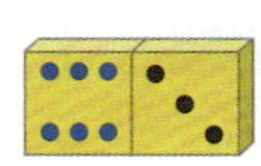

9 = 6 + 3

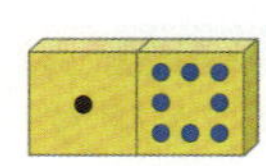

9 = 1 + 8

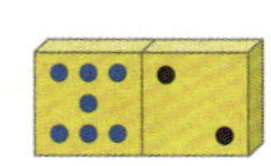

9 = 7 + 2

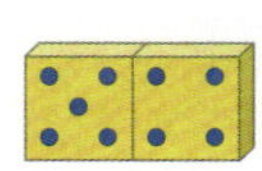

9 = 5 + 4

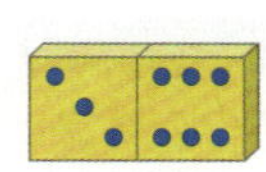

9 = 3 + 6

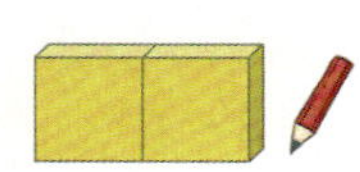

9 = +

2	3	4
4 + 4 = 8	9 − 1 = 8	7 − 2 = 5
4 + 5 = 9	9 − 8 = 1	5 + 2 = 7
3 + 3 = 6	9 − 2 = 7	9 − 6 = 3
3 + 4 = 7	9 − 7 = 2	3 + 6 = 9
2 + 2 = 4	9 − 3 = 6	8 − 7 = 1
2 + 3 = 5	9 − 6 = 3	1 + 7 = 8
1 + 1 = 2	9 − 4 = 5	6 − 4 = 2
1 + 2 = 3	9 − 5 = 4	2 + 4 = 6

Erfinde selbst eine Aufgabe.
2 Nachbaraufgaben 3 Rechentrick Zahlentausch 4 Umkehraufgaben

1 Immer 10

10 = 9 + 1 | 10 = 8 + 2 | 10 = 7 + 3

10 = 6 + 4 | 10 = 5 + 5 | 10 = 4 + 6

10 = 3 + 7 | 10 = 2 + 8 | 10 = +

2

8 − 2 = 6
6 + 2 = 8

8 − 3 = 5
5 + 3 = 8

8 − 4 = 4
4 + 4 = 8

3

9 − 3 = 6
6 + 3 = 9

9 − 5 = 4
4 + 5 = 9

9 − 7 = 2
2 + 7 = 9

5 + 3 + 2
5 + 4 + 1
5 + 2 + 3
5 + 1 + 4

6 + 2 + 2
6 + 1 + 3
6 + 3 + 1

1

8 − 1 = 7
8 − 7 = 1

8 − 6 = 2
8 − 2 = 6

8 − 8 = 0
8 − 0 = 8

2

7 − 1 = 6
7 − 6 = 1

7 − 2 = 5
7 − 5 = 2

7 − 0 = 7
7 − 7 = 0

3

6 − 1 = 5
6 − 5 = 1

6 − 3 = 3
6 − 3 = 3

6 − 4 = 2
6 − 2 = 4

4 **5** **6**

1

10 = 4 + 6
10 = 1 + 9
10 = 5 + 5
10 = 2 + 8
10 = 0 + 10
10 = 3 + 7
10 = 9 + 1

2

10 = 3 + 7
10 = 7 + 3
10 = 2 + 8
10 = 8 + 2
10 = 6 + 4
10 = 4 + 6
10 = 1 + 9
10 = 9 + 1

3

10 = 10 + 0
10 = 6 + 4
10 = 8 + 2
10 = 5 + 5
10 = 3 + 7
10 = 4 + 6
10 = 2 + 8

4

7 − 3 = 4
4 + 3 = 7
7 − 6 = 1
1 + 6 = 7
7 − 2 = 5
5 + 2 = 7
7 − 1 = 6
6 + 1 = 7

5

8 − 4 = 4
4 + 4 = 8
8 − 1 = 7
7 + 1 = 8
8 − 3 = 5
5 + 3 = 8
8 − 6 = 2
2 + 6 = 8

6

6 − 6 = 0
0 + 6 = 6
6 − 3 = 3
3 + 3 = 6
6 − 1 = 5
5 + 1 = 6
6 − 4 = 2
2 + 4 = 6

1

10 = 9 + 1
10 = 1 + 9

10 = 8 + 2
10 = 2 + 8

10 = 7 + 3
10 = 3 + 7

10 = 6 + 4
10 = 4 + 6

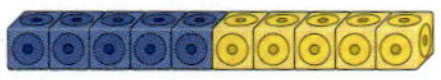

10 = 5 + 5
10 = 5 + 5

10 = 4 + 6
10 = 6 + 4

2

10 − 2 = 8
10 − 8 = 2
10 − 4 = 6
10 − 6 = 4
10 − 3 = 7
10 − 7 = 3
10 − 9 = 1
10 − 1 = 9

3

0 + 8 = 8
8 + 0 = 8
5 + 2 = 7
2 + 5 = 7
6 + 3 = 9
3 + 6 = 9
4 + 6 = 10
6 + 4 = 10

4

6 − 2 = 4
4 + 2 = 6
10 − 2 = 8
8 + 2 = 10
7 − 2 = 5
5 + 2 = 7
9 − 2 = 7
7 + 2 = 9

1 und **3** Tauschaufgaben **2** Rechentrick Zahlentausch **4** Umkehraufgaben

1

7 = 4 + 3
7 = 3 + 4
7 = 6 + 1
7 = 1 + 6
7 = 5 + 2
7 = 2 + 5
7 = 7 + 0
7 = 0 + 7

2

7 − 4 = 3
7 − 3 = 4
7 − 2 = 5
7 − 5 = 2
7 − 6 = 1
7 − 1 = 6
7 − 7 = 0
7 − 0 = 7

3

7 + 0 = 7
7 − 0 = 7
6 + 1 = 7
7 − 1 = 6
5 + 2 = 7
7 − 2 = 5
4 + 3 = 7
7 − 3 = 4

4

2 + 2 = 4
2 + 3 = 5
3 + 2 = 5
3 + 3 = 6
4 + 2 = 6
4 + 3 = 7
5 + 2 = 7
5 + 3 = 8

5

10 − 1 = 9
10 − 2 = 8
6 − 1 = 5
6 − 2 = 4
8 − 1 = 7
8 − 2 = 6
4 − 1 = 3
4 − 2 = 2

6 △

7 − 2 = 5
7 + 2 = 9
5 − 2 = 3
5 + 2 = 7
3 − 2 = 1
3 + 2 = 5
1 − 2 = X
1 + 2 = 3

1 Tauschaufgaben **2** Rechentrick Zahlentausch **3** Umkehraufgaben **4** und **5** Nachbaraufgaben
△ Mache ein X, wenn eine Aufgabe nicht lösbar ist.

1

8 = 5 + 3
8 = 3 + 5
8 = 7 + 1
8 = 1 + 7
8 = 2 + 6
8 = 6 + 2
8 = 0 + 8
8 = 8 + 0

2

8 − 3 = 5
5 + 3 = 8
8 − 1 = 7
7 + 1 = 8
8 − 6 = 2
2 + 6 = 8
8 − 4 = 4
4 + 4 = 8

3

8 − 2 = 6
8 − 6 = 2
8 − 0 = 8
8 − 8 = 0
8 − 7 = 1
8 − 1 = 7
8 − 5 = 3
8 − 3 = 5

4

3 2
1 1
zusammen 7

0 2
3 1
6

1 0
4 2
7

2 2
2 2
8

3 1
2 3
9

3 3
2 1
9

3 1
2 4
10

1 0
3 6
10

1 Tauschaufgaben **2** Umkehraufgaben **3** Rechentrick Zahlentausch
4 Einführung Rechenpakete

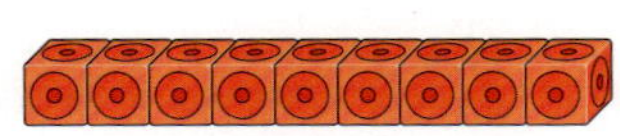

1

9 = 3 + 6
9 = 6 + 3
9 = 2 + 7
9 = 7 + 2
9 = 0 + 9
9 = 9 + 0
9 = 4 + 5
9 = 5 + 4
9 = 8 + 1
9 = 1 + 8

2

9 − 3 = 6
9 − 6 = 3
9 − 2 = 7
9 − 7 = 2
9 − 0 = 9
9 − 9 = 0
9 − 4 = 5
9 − 5 = 4
9 − 8 = 1
9 − 1 = 8

3

8 + 1 = 9
9 − 1 = 8
5 + 4 = 9
9 − 4 = 5
2 + 7 = 9
9 − 7 = 2
0 + 9 = 9
9 − 9 = 0
3 + 6 = 9
9 − 6 = 3

4

0 + 0 = 0
1 + 1 = 2
3 + 1 = 4
5 + 1 = 6
7 + 1 = 8
9 + 1 = 10

5 △

10 − 2 = 8
8 − 2 = 6
6 − 2 = 4
4 − 2 = 2
2 − 2 = 0
0 − 2 = X

6

0 + 0 = 0
1 + 1 = 2
2 + 2 = 4
3 + 3 = 6
4 + 4 = 8
5 + 5 = 10

1 Tauschaufgaben **2** Rechentrick Zahlentausch **3** Umkehraufgaben
△ Mache ein X, wenn eine Aufgabe nicht lösbar ist.

0 1 2 3 4 5 6 7 8 9 10 11 12 13 14 15 16 17 18 19 20

1

10 + 0 = 10
10 + 1 = 11
10 + 2 = 12
10 + 3 = 13
10 + 4 = 14
10 + 5 = 15
10 + 6 = 16
10 + 7 = 17
10 + 8 = 18
10 + 9 = 19
10 + 10 = 20

2

10 + 3 = 13
10 + 6 = 16
10 + 0 = 10
10 + 8 = 18
10 + 5 = 15
10 + 7 = 17
10 + 9 = 19
10 + 1 = 11
10 + 10 = 20
10 + 4 = 14
10 + 2 = 12

3

10 − 0 = 10
11 − 1 = 10
12 − 2 = 10
13 − 3 = 10
14 − 4 = 10
15 − 5 = 10
16 − 6 = 10
17 − 7 = 10
18 − 8 = 10
19 − 9 = 10
20 − 10 = 10

4

5 2 / 2 1 – zusammen 10
4 1 / 3 1 – 9
3 2 / 1 4 – 10
2 3 / 1 3 – 9
1 4 / 2 1 – 8
(Erfinde selbst eine Aufgabe.)

Erfinde selbst eine Aufgabe.

1

10 = 10 + 0
11 = 10 + 1
12 = 10 + 2
13 = 10 + 3
14 = 10 + 4
15 = 10 + 5
16 = 10 + 6
17 = 10 + 7
18 = 10 + 8
19 = 10 + 9
20 = 10 + 10

2

15 = 10 + 5
10 = 10 + 0
17 = 10 + 7
11 = 10 + 1
14 = 10 + 4
18 = 10 + 8
12 = 10 + 2
19 = 10 + 9
13 = 10 + 3
16 = 10 + 6
15 = 10 + 5

3

14 − 4 = 10
12 − 2 = 10
17 − 7 = 10
11 − 1 = 10
15 − 5 = 10
13 − 3 = 10
19 − 9 = 10
16 − 6 = 10
10 − 0 = 10
18 − 8 = 10
20 − 10 = 10

4

3 2 / 1 4 – zusammen 10
2 2 / 1 5 – 10
4 2 / 1 3 – 10
4 0 / 3 3 – 10
3 2 / 5 0 – 10
4 0 / 6 3 – 13
1 3 / 4 5 – 13
3 2 / 5 7 – 17
(Erfinde selbst eine Aufgabe.)

Erfinde selbst eine Aufgabe.

0 1 2 3 4 5 6 7 8 9 10 11 12 13 14 15 16 17 18 19 20

1

5 + 1 = 6
15 + 1 = 16
5 + 2 = 7
15 + 2 = 17
3 + 1 = 4
13 + 1 = 14
3 + 2 = 5
13 + 2 = 15

2

2 + 1 = 3
12 + 1 = 13
2 + 2 = 4
12 + 2 = 14
0 + 1 = 1
10 + 1 = 11
0 + 2 = 2
10 + 2 = 12

3

4 + 1 = 5
14 + 1 = 15
4 + 2 = 6
14 + 2 = 16
6 + 1 = 7
16 + 1 = 17
6 + 2 = 8
16 + 2 = 18

4

5 + 0 = 5
0 + 5 = 5

5 + 1 = 6
1 + 5 = 6

5 + 2 = 7
2 + 5 = 7

5

5 + 3 = 8
3 + 5 = 8

5 + 4 = 9
4 + 5 = 9

5 + 5 = 10
5 + 5 = 10

1 bis **3** Analogieaufgaben **4** und **5** Tauschaufgaben

0 1 2 3 4 5 6 7 8 9 10 11 12 13 14 15 16 17 18 19 20

1

2 − 1 = 1
12 − 1 = 11
2 − 2 = 0
12 − 2 = 10
5 − 1 = 4
15 − 1 = 14
5 − 2 = 3
15 − 2 = 13

2

10 − 1 = 9
20 − 1 = 19
10 − 2 = 8
20 − 2 = 18
4 − 1 = 3
14 − 1 = 13
4 − 2 = 2
14 − 2 = 12

3

3 − 1 = 2
13 − 1 = 12
3 − 2 = 1
13 − 2 = 11
6 − 1 = 5
16 − 1 = 15
6 − 2 = 4
16 − 2 = 14

4 **5** **6**

1 bis **3** Analogieaufgaben

1

3 + 7 = 10
7 + 3 = 10

4 + 6 = 10
6 + 4 = 10

1 + 9 = 10
9 + 1 = 10

2 + 8 = 10
8 + 2 = 10

2

2 + 8 = 10
9 + 1 = 10
4 + 6 = 10
10 + 0 = 10
3 + 7 = 10
7 + 3 = 10
5 + 5 = 10
6 + 4 = 10
8 + 2 = 10

3

10 + 0 = 10
3 + 7 = 10
6 + 4 = 10
8 + 2 = 10
4 + 6 = 10
5 + 5 = 10
9 + 1 = 10
2 + 8 = 10
7 + 3 = 10

4

6 4 / 2 1 – zusammen 13
7 3 / 3 1 – 14
5 5 / 5 0 – 15
8 2 / 3 2 – 15
1 9 / 4 2 – 16
4 6 / 8 0 – 18
10 4 / 1 1 – 16
10 6 / 2 1 – 19
20

Erfinde selbst eine Aufgabe.

0 1 2 3 4 5 6 7 8 9 10 11 12 13 14 15 16 17 18 19 20

1

2 + 1 = 3
12 + 1 = 13

2 + 2 = 4
12 + 2 = 14

4 + 1 = 5
14 + 1 = 15

4 + 2 = 6
14 + 2 = 16

2

6 + 1 = 7
16 + 1 = 17

6 + 2 = 8
16 + 2 = 18

8 + 1 = 9
18 + 1 = 19

8 + 2 = 10
18 + 2 = 20

3

7 + 1 = 8
17 + 1 = 18

7 + 2 = 9
17 + 2 = 19

5 + 1 = 6
15 + 1 = 16

5 + 2 = 7
15 + 2 = 17

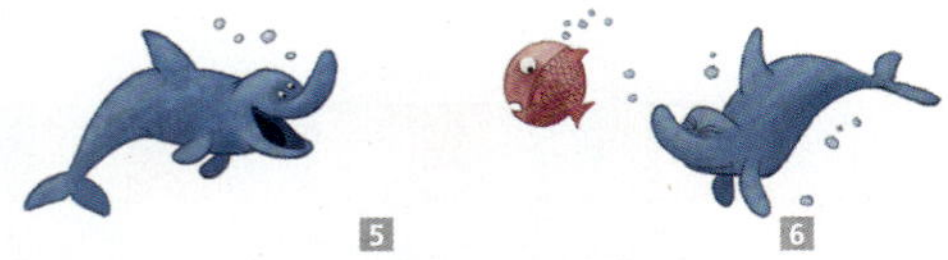

4

10 – 2 = 8
8 + 2 = 10

10 – 4 = 6
6 + 4 = 10

10 – 7 = 3
3 + 7 = 10

10 – 5 = 5
5 + 5 = 10

5

9 – 1 = 8
8 + 1 = 9

9 – 8 = 1
1 + 8 = 9

9 – 4 = 5
5 + 4 = 9

9 – 2 = 7
7 + 2 = 9

6

8 – 4 = 4
4 + 4 = 8

8 – 3 = 5
5 + 3 = 8

8 – 1 = 7
7 + 1 = 8

8 – 5 = 3
3 + 5 = 8

1 bis 3 Analogieaufgaben 4 bis 6 Umkehraufgaben

Der 2. Rechenmeister

1

5 3 + 3 = 6
5 7 + 1 = 8
5 4 + 3 = 7
6 + 2 = 8
2 + 1 = 3

2

4 – 1 = 3
9 – 2 = 7
3 – 3 = 0
5 – 1 = 4
10 – 5 = 5

3

5 + 4 = 9
8 – 6 = 2
9 + 1 = 10
6 – 4 = 2
8 + 0 = 8

4

5 3 + 7 = 10
5 5 + 5 = 10
5 7 + 3 = 10
2 + 8 = 10
1 + 9 = 10

5

4 + 6 = 10
1 + 9 = 10
6 + 4 = 10
2 + 8 = 10
10 + 0 = 10

6

10 – 1 = 9
10 – 2 = 8
10 – 3 = 7
10 – 4 = 6
10 – 5 = 5

7

8 1 + 1 = 2
8 11 + 1 = 12
8 4 + 2 = 6
14 + 2 = 16
7 + 1 = 8
17 + 1 = 18
5 + 2 = 7
15 + 2 = 17

8

3 – 1 = 2
13 – 1 = 12
5 – 1 = 4
15 – 1 = 14
1 – 1 = 0
11 – 1 = 10
9 – 1 = 8
19 – 1 = 18

9

4 – 2 = 2
14 – 2 = 12
7 – 2 = 5
17 – 2 = 15
2 – 2 = 0
12 – 2 = 10
10 – 2 = 8
20 – 2 = 18

Du hast ___ von 54 Aufgaben richtig gelöst.
Urkunde zum Ausdrucken → www.das-uebungsheft-1.de/urkunde

Rund um die Mathematik

1

2

7 + 1 = 8
8 – 2 = 6
6 + 1 = 7
7 – 2 = 5
5 + 1 = 6
6 – 2 = 4
4 + 1 = 5
5 – 2 = 3

3

0 + 3 = 3
3 – 1 = 2
2 + 3 = 5
5 – 1 = 4
4 + 3 = 7
7 – 1 = 6
6 + 3 = 9
9 – 1 = 8

4

20 – 2 = 18
18 – 3 = 15
15 – 2 = 13
13 – 3 = 10
10 – 2 = 8
8 – 3 = 5
5 – 2 = 3
3 – 3 = 0

1 Formen (Dreiecke, Quadrat, Kreis, Rechteck) entsprechend Vorgabe anmalen
2 bis 4 Aufgabenfolgen 2 bis 4 bereiten auf die Knobelseiten 82 und 83 vor.

Rund um die Mathematik

1 Zahlendreieck: innen 3, 5, 4; außen 8, 7, 9

2 Zahlendreieck: innen 2, 6, 4; außen 8, 6, 10

3 Zahlendreieck: innen 5, 3, 5; außen 8, 10, 8

4 Zahlendreieck: innen 7, 1, 3; außen 8, 10, 4

5 Zahlendreieck: innen 2, 3, 7; außen 5, 9, 10

6 Zahlendreieck: innen 3, 5, 3; außen 8, 6, 8

7

8

1		4		7		10		13		16	
	2		5		8		11		14		17
3		6		9		12		15		18	

7 bis 8 Muster fortsetzen

1

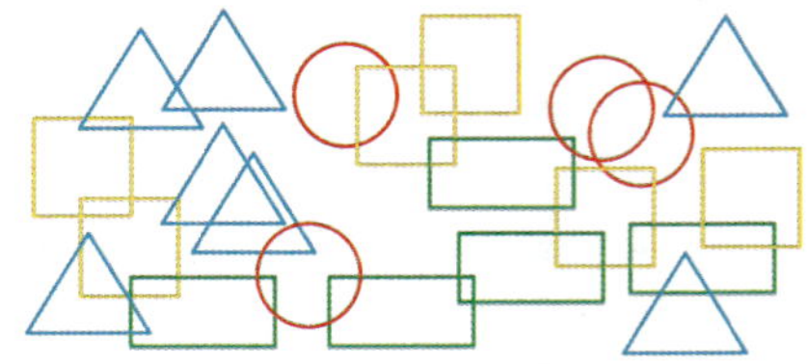

○	IIII
▭	𝍸
△	𝍸 II
□	𝍸 I

2

1	2	3	10	4	5	6	10	7	8	9	10

3

2	2	4	4	6	6	8	8	10	10	12	12

4

20	20	0	19	19	1	18	18	2	17	17	3

5

3, 1, 4, 2 – zusammen 10	1, 3, 10, 1 – 15	6, 2, 3, 1 – 12
10, 2, 3, 4 – 19	7, 0, 1, 10 – 18	10, 0, 1, 0 – 11
1, 0, 0, 8 – 9	1, 10, 1, 1 – 13	5, 3, 2, 10 – 20

1 Anzahlen bestimmen 2 bis 4 Zahlenfolgen 2 bis 4 bereiten auf die Knobelseiten 82 und 83 vor.
5 Es sind mehrere Lösungen möglich.

0 1 2 3 4 5 6 7 8 9 10 11 12 13 14 15 16 17 18 19 20

1

5 – 1 = 4
15 – 1 = 14

5 – 2 = 3
15 – 2 = 13

2 – 1 = 1
12 – 1 = 11

2 – 2 = 0
12 – 2 = 10

2

4 – 1 = 3
14 – 1 = 13

4 – 2 = 2
14 – 2 = 12

7 – 1 = 6
17 – 1 = 16

7 – 2 = 5
17 – 2 = 15

3

3 – 1 = 2
13 – 1 = 12

3 – 2 = 1
13 – 2 = 11

9 – 1 = 8
19 – 1 = 18

9 – 2 = 7
19 – 2 = 17

4

1 + 5 = 6
5 + 1 = 6

1 + 4 = 5
4 + 1 = 5

2 + 5 = 7
5 + 2 = 7

2 + 7 = 9
7 + 2 = 9

5

1 + 6 = 7
6 + 1 = 7

1 + 7 = 8
7 + 1 = 8

1 + 8 = 9
8 + 1 = 9

1 + 9 = 10
9 + 1 = 10

6

1 + 15 = 16
15 + 1 = 16

1 + 11 = 12
11 + 1 = 12

2 + 13 = 15
13 + 2 = 15

2 + 18 = 20
18 + 2 = 20

1 bis 3 Analogieaufgaben 4 bis 6 Tauschaufgaben

1

5 – 1 = 4
5 – 4 = 1

5 – 0 = 5
5 – 5 = 0

5 – 2 = 3
5 – 3 = 2

5 – 4 = 1
5 – 1 = 4

2

6 – 2 = 4
6 – 4 = 2

6 – 1 = 5
6 – 5 = 1

6 – 6 = 0
6 – 0 = 6

6 – 3 = 3
6 – 3 = 3

3

7 – 1 = 6
7 – 6 = 1

7 – 4 = 3
7 – 3 = 4

7 – 5 = 2
7 – 2 = 5

7 – 7 = 0
7 – 0 = 7

4

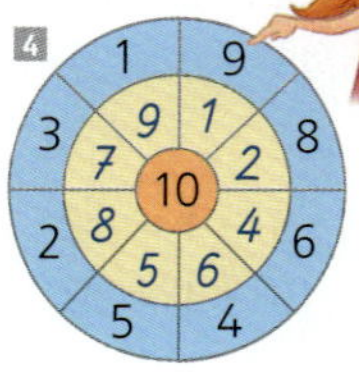

5

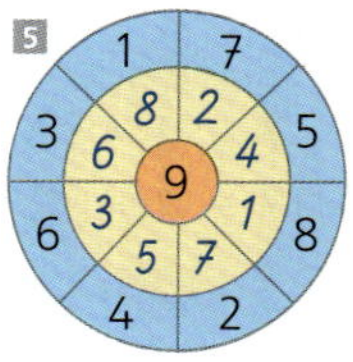

6

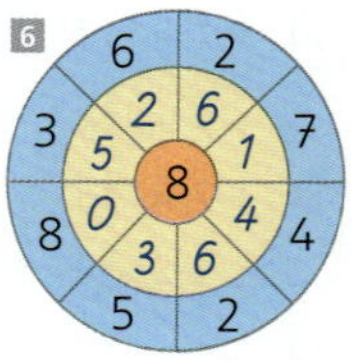

7

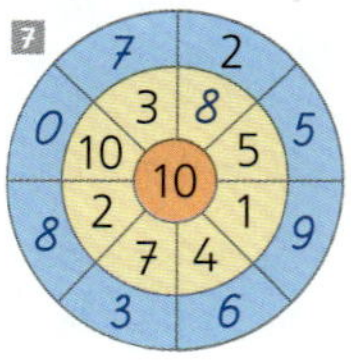

1 bis 3 Rechentrick Zahlentausch 4 bis 7 Einführung Rechenräder

0 1 2 3 4 5 6 7 8 9 10 11 12 13 14 15 16 17 18 19 20

1

15 + 1 = 16
15 − 1 = 14

8 + 1 = 9
8 − 1 = 7

12 + 1 = 13
12 − 1 = 11

9 + 1 = 10
9 − 1 = 8

2

10 + 1 = 11
10 − 1 = 9

16 + 1 = 17
16 − 1 = 15

7 + 1 = 8
7 − 1 = 6

13 + 1 = 14
13 − 1 = 12

3

17 + 1 = 18
17 − 1 = 16

1 + 1 = 2
1 − 1 = 0

11 + 1 = 12
11 − 1 = 10

19 + 1 = 20
19 − 1 = 18

4

3 4 / 1 2	zusammen 10
5 2 / 3 4	14
1 4 / 5 3	13
7 1 / 2 2	12
2 4 / 4 5	15
10 0 / 4 4	18
4 7 / 0 6	17
5 2 / 3 9	19
(leer)	

1

15

10 + 5
5 + 10
14 + 1
1 + 14
12 + 3
3 + 12
9 + 6
6 + 9
8 + 7
7 + 8

5 + 5 + 5
4 + 4 + 7
3 + 3 + 9

5 + 5 + 4 + 1
5 + 5 + 2 + 3
4 + 4 + 4 + 3

2

15 = 10 + 5
15 = 11 + 4
15 = 12 + 3
15 = 13 + 2
15 = 14 + 1
15 = 15 + 0

3

15 − 0 = 15
17 − 2 = 15
19 − 4 = 15

18 − 3 = 15
19 − 4 = 15
20 − 5 = 15

Erfinde selbst eine Aufgabe.

0 1 2 3 4 5 6 7 8 9 10 11 12 13 14 15 16 17 18 19 20

1

7 + 10 = 17
10 + 7 = 17

5 + 10 = 15
10 + 5 = 15

3 + 10 = 13
10 + 3 = 13

9 + 10 = 19
10 + 9 = 19

2

14 = 4 + 10
14 = 10 + 4

16 = 6 + 10
16 = 10 + 6

13 = 3 + 10
13 = 10 + 3

18 = 8 + 10
18 = 10 + 8

3

6 + 10 = 16
3 + 10 = 13
8 + 10 = 18
4 + 10 = 14
2 + 10 = 12
9 + 10 = 19
7 + 10 = 17
1 + 10 = 11

4

16 − 6 = 10
16 − 5 = 11
16 − 4 = 12
16 − 3 = 13
16 − 2 = 14

5

5 − 3 = 2
6 − 4 = 2
7 − 5 = 2
8 − 6 = 2
9 − 7 = 2

6

15 − 1 = 14
16 − 2 = 14
17 − 3 = 14
18 − 4 = 14
19 − 5 = 14

7

10 − 1 = 9
11 − 2 = 9
12 − 3 = 9
13 − 4 = 9

8

20 − 2 = 18
19 − 2 = 17
18 − 2 = 16
17 − 2 = 15

9

8 − 6 = 2
7 − 5 = 2
6 − 4 = 2
5 − 3 = 2

1

3 + 2 = 5
2 + 1 = 3
5 + 3 = 8

		8
5	5 3	5 3
3 2 1	3 2 1	3 2 1

2

	6	
3		3
2	1	2

3

	7	
4		3
4	0	3

4

	8	
3		5
2	1	4

5

	10	
5		5
2	3	2

6

	10	
4		6
2	2	4

7

	10	
7		3
4	3	0

8

7 − 0 = 7
7 − 7 = 0

7 − 1 = 6
7 − 6 = 1

7 − 2 = 5
7 − 5 = 2

7 − 3 = 4
7 − 4 = 3

9

4 + 4 = 8
8 − 4 = 4

5 + 3 = 8
8 − 3 = 5

1 + 7 = 8
8 − 7 = 1

6 + 2 = 8
8 − 2 = 6

10

9 − 1 = 8
8 + 1 = 9

9 − 3 = 6
6 + 3 = 9

9 − 4 = 5
5 + 4 = 9

9 − 0 = 9
9 + 0 = 9

1 und 2 Tauschaufgaben 4 bis 9 Was fällt auf? Regelmäßigkeiten beschreiben

1 bis 7 Einführung Rechenmauern 8 bis 10 Rechentrick Zahlentausch und Umkehraufgaben

Das Übungsheft 1 – Lösungen (Seite 50–53)

1

10 – 1 = 9
10 – 3 = 7
10 – 5 = 5
10 – 8 = 2
10 – 7 = 3

2

10 – 4 = 6
10 – 9 = 1
10 – 2 = 8
10 – 6 = 4
10 – 0 = 10

3

10 = 5 + 5
10 = 8 + 2
10 = 4 + 6
10 = 3 + 7
10 = 9 + 1

4

8 2 / 1 3 → 14	3 7 / 1 6 → 17	4 6 / 5 3 → 18
5 5 / 1 1 → 12	4 4 / 4 2 → 14	9 6 / 1 0 → 16
→ 13	→ 19	→ 15

5

11	12	13	14	15	16	17	18	19	20
20	19	18	17	16	15	14	13	12	11

1

1 = 1 + 0
2 = 1 + 1
3 = 1 + 2
6 = 1 + 5
5 = 1 + 4
9 = 1 + 8
7 = 1 + 6
8 = 1 + 7
4 = 1 + 3

2 △

6 + 1 = 7
2 + 1 = 3
7 + 1 = 8
3 + 1 = 4
5 + 1 = 6
8 + 1 = 9
4 + 1 = 5
9 + 1 = 10
X + 1 = 0

3

9 – 6 = 3
2 + 7 = 9
8 – 3 = 5
5 + 5 = 10
8 – 8 = 0
3 + 5 = 8
8 – 7 = 1
1 + 5 = 6
7 – 5 = 2

4

5

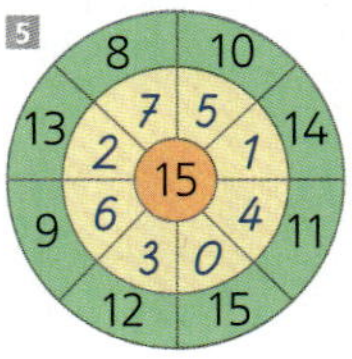

Ich rechne:
10 + 9 + 1 = 20

6

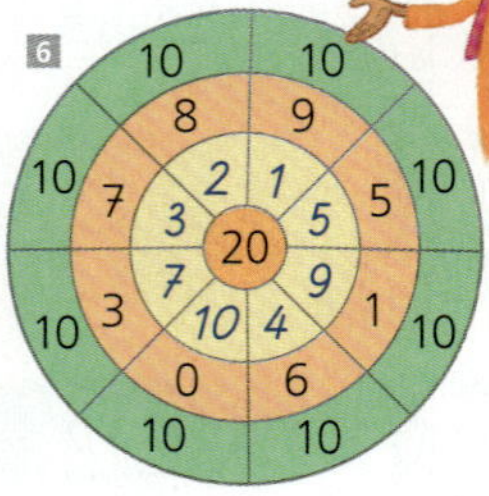

5 Zahlenfolgen ✎ Erfinde selbst eine Aufgabe.

△ Mache ein X, wenn eine Aufgabe nicht lösbar ist.
6 Einführung Rechenräder mit 3 Summanden

0 1 2 3 4 5 6 7 8 9 10 11 12 13 14 15 16 17 18 19 20

1

0 + 1 = 1
10 + 1 = 11
0 + 2 = 2
10 + 2 = 12
2 + 1 = 3
12 + 1 = 13
2 + 2 = 4
12 + 2 = 14

2

4 + 1 = 5
14 + 1 = 15
4 + 2 = 6
14 + 2 = 16
7 + 1 = 8
17 + 1 = 18
7 + 2 = 9
17 + 2 = 19

3

3 + 1 = 4
13 + 1 = 14
3 + 2 = 5
13 + 2 = 15
5 + 1 = 6
15 + 1 = 16
5 + 2 = 7
15 + 2 = 17

4

14
10 4
8 2 2

5

18
8 10
3 5 5

6

16
10 6
6 4 2

7

17
10 7
7 3 4

8

19
10 9
8 2 7

9

19
10 9
9 1 8

10

9
5 4
3 2 2
1 2 0 2

11 ✎

1

6 + 3 = 9
16 + 3 = 19
7 + 2 = 9
17 + 2 = 19
5 + 4 = 9
15 + 4 = 19

2

5 + 3 = 8
15 + 3 = 18
9 + 1 = 10
19 + 1 = 20
3 + 0 = 3
13 + 0 = 13

3

1 + 8 = 9
11 + 8 = 19
2 + 6 = 8
12 + 6 = 18
7 + 3 = 10
17 + 3 = 20

4

6 – 1 = 5
16 – 1 = 15
5 – 3 = 2
15 – 3 = 12
7 – 4 = 3
17 – 4 = 13

5

9 – 5 = 4
19 – 5 = 14
8 – 4 = 4
18 – 4 = 14
6 – 3 = 3
16 – 3 = 13

6

7 – 6 = 1
17 – 6 = 11
5 – 4 = 1
15 – 4 = 11
9 – 7 = 2
19 – 7 = 12

7

7
3 + 4
6 + 1
5 + 2
3 + 4
7 + 0

8

8
5 + 3
6 + 2
3 + 5
1 + 7
4 + 4

9

9
3 + 6
9 + 0
5 + 4
2 + 7
1 + 8

1 bis **3** Analogieaufgaben ✎ Erfinde selbst eine Aufgabe.

1 bis **6** Analogieaufgaben **7** bis **9** Zerlegungen wiederholen

Die große Rätselseite

0	1	3	7	9	10	12	15	17	19	20
A	B	C	E	G	H	I	L	N	U	W

10 + 2 = 12 I
9 − 6 = 3 C
0 + 10 = 10 H
20 − 19 = 1 B
17 − 5 = 12 I
14 + 3 = 17 N
2 + 5 = 7 E
20 − 8 = 12 I
11 + 6 = 17 N

10 − 9 = 1 B
3 + 4 = 7 E
11 + 4 = 15 L
20 − 1 = 19 U
0 + 9 = 9 G
16 − 16 = 0 A
13 + 7 = 20 W
0 − 0 = 0 A
14 + 1 = 15 L

I C H B I N E I N
B E L U G A W A L .

1

+	1
4	5
14	15

+	1	3
4	5	7
14	15	17

4 + 1 = 5
14 + 1 = 15

4 + 3 = 7
14 + 3 = 17

2

+	3	4
4	7	8
14	17	18

3

+	1	2
3	4	5
13	14	15

4

+	3	5
2	5	7
12	15	17

5

+	1	2
5	6	7
15	16	17

6

+	3	5
5	8	10
15	18	20

7

+	0	4
5	5	9
15	15	19

8

19
10 9
2 8 1

9

17
7 10
2 5 5

10

19
10 9
3 7 2

11

18
12 6
7 5 1
2 5 0 1

12

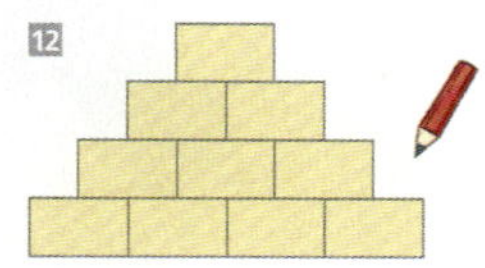

0 1 2 3 4 5 6 7 8 9 10 11 12 13 14 15 16 17 18 19 20

1

4 − 1 = 3
14 − 1 = 13

6 − 2 = 4
16 − 2 = 14

9 − 8 = 1
19 − 8 = 11

7 − 3 = 4
17 − 3 = 14

2

9 − 6 = 3
19 − 6 = 13

9 − 4 = 5
19 − 4 = 15

8 − 7 = 1
18 − 7 = 11

6 − 5 = 1
16 − 5 = 11

3

7 − 5 = 2
17 − 5 = 12

8 − 5 = 3
18 − 5 = 13

9 − 6 = 3
19 − 6 = 13

8 − 3 = 5
18 − 3 = 15

4

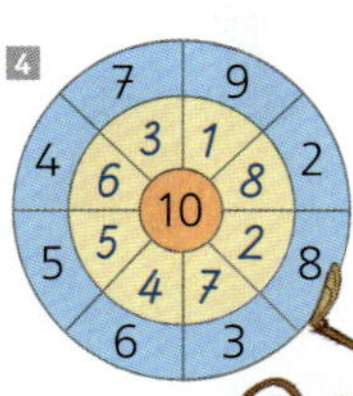

5

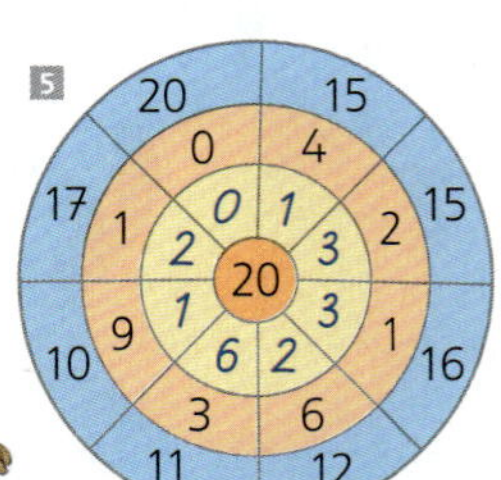

6

1

−	2
4	2
14	12

−	2	3
4	2	1
14	12	11

4 − 2 = 2
14 − 2 = 12

4 − 3 = 1
14 − 3 = 11

2

−	1	6
6	5	0
16	15	10

3

−	1	5
5	4	0
15	14	10

4

−	0	6
8	8	2
18	18	12

5

−	2	4
5	3	1
15	13	11
7	5	3
17	15	13

6

−	3	4
4	1	0
14	11	10
8	5	4
18	15	14

7

−	5	7
7	2	0
17	12	10
9	4	2
19	14	12

8

5 + 5 = 10
3 + 7 = 10
0 + 10 = 10
7 + 3 = 10
4 + 6 = 10

9

0 + 10 = 10
8 + 2 = 10
2 + 8 = 10
5 + 5 = 10
9 + 1 = 10

10

10 − 1 = 9
10 − 9 = 1
10 − 3 = 7
10 − 7 = 3
10 − 10 = 0

Das Übungsheft 1 – Lösungen (Seite 58 – 61)

1

10 + 2 = 12
9 + 2 = 11
10 + 5 = 15
9 + 5 = 14
10 + 8 = 18
9 + 8 = 17
10 + 6 = 16
9 + 6 = 15

2

12 − 2 = 10
12 − 3 = 9
14 − 4 = 10
14 − 5 = 9
19 − 9 = 10
19 − 10 = 9
17 − 7 = 10
17 − 8 = 9

3

13 − 3 = 10
13 − 4 = 9
11 − 1 = 10
11 − 2 = 9
18 − 8 = 10
18 − 9 = 9
16 − 6 = 10
16 − 7 = 9

4

1 bis 3 Nachbaraufgaben   Erfinde selbst eine Aufgabe.

1

17
10 | 7
6 | 4 | 3

2

18
8 | 10
6 | 2 | 8

3

19
9 | 10
4 | 5 | 5

4

16
10 | 6
7 | 3 | 3
5 | 2 | 1 | 2

5

20
16 | 4
12 | 4 | 0
8 | 4 | 0 | 0

6 13

12 + 1
2 + 11
10 + 3
4 + 9
8 + 5

7 18

13 + 5
6 + 12
11 + 7
8 + 10
9 + 9

8 16

12 + 4
5 + 11
10 + 6
7 + 9
8 + 8

9 14

3 + 11
10 + 4
5 + 9
8 + 6
7 + 7

10 12

12 + 0
1 + 11
10 + 2
3 + 9
8 + 4

11 15

4 + 11
10 + 5
6 + 9
8 + 7
8 + 7

Der 3. Rechenmeister

5 min

1

4 | 3 + 1 = 4
4 | 13 + 1 = 14
4 | 5 − 1 = 4
15 − 1 = 14

2

5 + 2 = 7
15 + 2 = 17
3 − 2 = 1
13 − 2 = 11

3

7 + 1 = 8
17 + 1 = 18
8 − 1 = 7
18 − 1 = 17

4

+	2	4
3	5	7
13	15	17
6	8	10
16	18	20

5

−	2	5
5	3	0
15	13	10
7	5	2
17	15	12

6

−	7	9
9	2	0
19	12	10
10	3	1
20	13	11

8 8 8

7

3 | 10 = 4 + 2 + 4
3 | 10 = 5 + 3 + 2
3 | 10 = 3 + 2 + 5

8

10 = 5 + 5
10 = 3 + 7
10 = 8 + 2

9

10 = 1 + 2 + 7
10 = 7 + 3 + 0
10 = 2 + 2 + 6

10

2 | 6 + 1 = 7
2 | 2 + 1 = 3
2

11

1 + 8 = 9
5 + 1 = 6

12

7 + 1 = 8
2 + 2 = 4

1 1 1

13

7	3
5	1

16

14

14	2
1	2

19

15

10	3
7	0

20

Du hast ____ von 54 Aufgaben richtig gelöst.
Urkunde zum Ausdrucken → www.das-uebungsheft-1.de/urkunde

Rund um die Mathematik

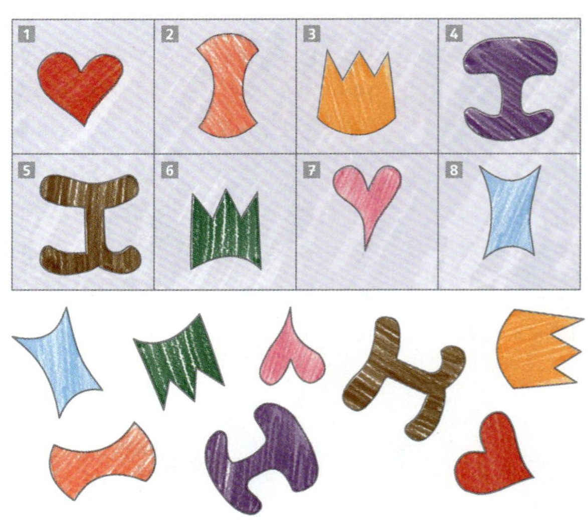

+ oder − ?

9

+	4	6
3	7	9
4	8	10
10	14	16
12	16	18
14	18	20

10

−	3	7
9	6	2
7	4	0
10	7	3
17	14	10
20	17	13

11

−	1	2
8	7	6
6	5	4
14	13	12
16	15	14
20	19	18

1 bis 8 Formen entsprechend Vorgabe anmalen
9 bis 11 bereiten auf die Knobelseiten 82 und 83 vor.

Rund um die Mathematik

1
20 | 4 | 7
16 | 3
19

2
12 | 7 | 20
5 | 13
18

3
11 | 2 | 12
9 | 10
19

4
15 | 3 | 11
12 | 8
20

5
17 | 3 | 3
14 | 0
14

6

7
4 + 2 = 6
6 + 2 = 8
8 − 5 = 3
3 + 2 = 5
5 + 2 = 7
7 − 5 = 2
2 + 2 = 4
4 + 2 = 6
6 − 5 = 1
1 + 2 = 3
3 + 2 = 5

8
17 + 3 = 20
20 − 6 = 14
14 + 3 = 17
17 − 6 = 11
11 + 3 = 14
14 − 6 = 8
8 + 3 = 11
11 − 6 = 5
5 + 3 = 8
8 − 6 = 2
2 + 3 = 5

9
20 − 3 = 17
17 + 2 = 19
19 − 3 = 16
16 + 2 = 18
18 − 3 = 15
15 + 2 = 17
17 − 3 = 14
14 + 2 = 16
16 − 3 = 13
13 + 2 = 15
15 − 3 = 12

7 bis 9 Aufgabenfolgen Erfinde selbst eine Aufgabe.
7 bis 9 bereiten auf die Knobelseiten 82 und 83 vor.

1
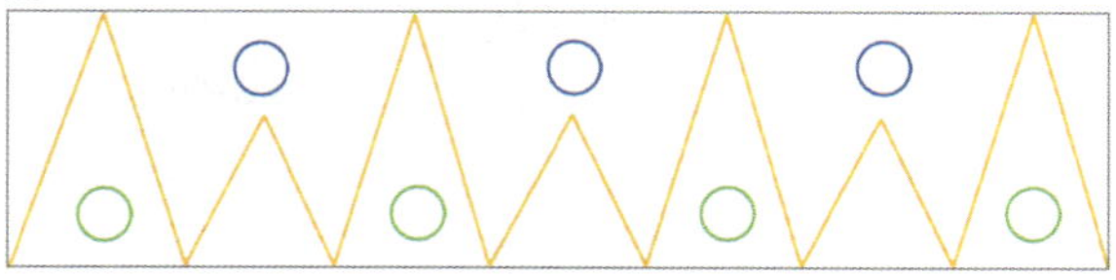

2
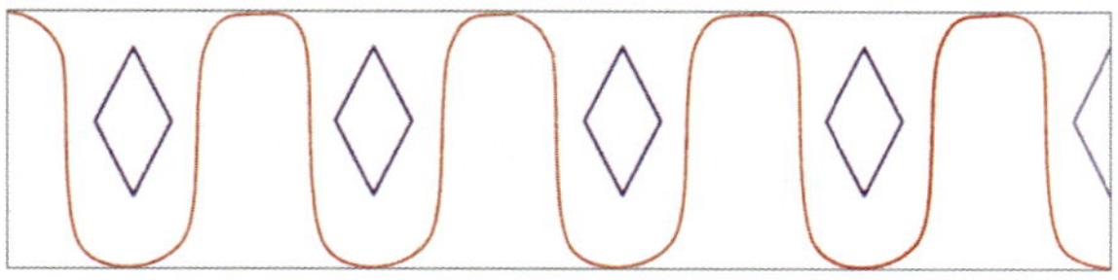

3
14 + 5 = 19
15 + 4 = 19
13 + 5 = 18
14 + 4 = 18
12 + 5 = 17
13 + 4 = 17

4
6 + 11 = 17
5 + 12 = 17
7 + 11 = 18
6 + 12 = 18
8 + 11 = 19
7 + 12 = 19

5
12 + 7 = 19
13 + 6 = 19
13 + 5 = 18
14 + 4 = 18
14 + 3 = 17
15 + 2 = 17

6
19	17	5	15	13	5	11	9	5	7	5	5

7
1	20	2	19	3	18	4	17	5	16	6	15

8
23	22	20	19	17	16	14	13	11	10	8	7

1 bis 2 Muster fortsetzen 3 bis 5 Aufgabenfolgen 6 bis 8 Zahlenfolgen
3 bis 8 bereiten auf die Knobelseiten 82 und 83 vor.

0 1 2 3 4 5 6 7 8 9 10 11 12 13 14 15 16 17 18 19 20

1
0 + 0 = 0
1 + 1 = 2
2 + 2 = 4
3 + 3 = 6
4 + 4 = 8
5 + 5 = 10
6 + 6 = 12
7 + 7 = 14
8 + 8 = 16
9 + 9 = 18
10 + 10 = 20

2
5 + 5 = 10
2 + 2 = 4
7 + 7 = 14
1 + 1 = 2
3 + 3 = 6
6 + 6 = 12
0 + 0 = 0
9 + 9 = 18
4 + 4 = 8
8 + 8 = 16
10 + 10 = 20

3
12 = 6 + 6
8 = 4 + 4
16 = 8 + 8
6 = 3 + 3
10 = 5 + 5
2 = 1 + 1
14 = 7 + 7
0 = 0 + 0
18 = 9 + 9
4 = 2 + 2
20 = 10 + 10

4
−	2	5
5	3	0
15	13	10
7	5	2
17	15	12
6	4	1
16	14	11
8	6	3
18	16	13

5
+	1	3
3	4	6
13	14	16
6	7	9
16	17	19
4	5	7
14	15	17
7	8	10
17	18	20

6
−	3	6
9	6	3
19	16	13
10	7	4
20	17	14
8	5	2
18	15	12
6	3	0
16	13	10

1 bis 3 Merkaufgaben (Verdoppeln) 4 bis 6 Analogieaufgaben in Tabellen

1
0 − 0 = 0
2 − 1 = 1
4 − 2 = 2
6 − 3 = 3
8 − 4 = 4
10 − 5 = 5
12 − 6 = 6
14 − 7 = 7
16 − 8 = 8
18 − 9 = 9
20 − 10 = 10
22 − 11 = 11

2
8 − 4 = 4
14 − 7 = 7
2 − 1 = 1
16 − 8 = 8
10 − 5 = 5
0 − 0 = 0
18 − 9 = 9
6 − 3 = 3
12 − 6 = 6
4 − 2 = 2
20 − 10 = 10
18 − 9 = 9

3
10 − 5 = 5
5 + 5 = 10
14 − 7 = 7
7 + 7 = 14
20 − 10 = 10
10 + 10 = 20
18 − 9 = 9
9 + 9 = 18
16 − 8 = 8
8 + 8 = 16
12 − 6 = 6
6 + 6 = 12

4
Mitte: 15
Innen: 6, 4, 5, 3, 2, 1, 0, 7
Außen: 9, 11, 10, 12, 13, 14, 15, 8

5
Mitte: 20
Innen: 3, 2, 1, 7, 8, 9, 6, 5
Außen: 17, 18, 19, 13, 12, 11, 14, 15

6
17
8 | 9
5 | 3 | 6

1 und 2 Merkaufgaben (Halbieren) 3 Halbieren und Verdoppeln

1

5 + 5 = 10
5 + 6 = 11

5 + 5 = 10
5 + 4 = 9

6 + 6 = 12
6 + 7 = 13

6 + 6 = 12
6 + 5 = 11

2

8 + 8 = 16
8 + 9 = 17

8 + 8 = 16
8 + 7 = 15

7 + 7 = 14
7 + 8 = 15

7 + 7 = 14
7 + 6 = 13

3

9 + 9 = 18
9 + 10 = 19

9 + 9 = 18
9 + 8 = 17

8 + 8 = 16
9 + 8 = 17

8 + 8 = 16
7 + 8 = 15

4

19
12 | 7
6 | 6 | 1

5

16
8 | 8
6 | 2 | 6

6

18
9 | 9
4 | 5 | 4

7

17
10 | 7
7 | 3 | 4

8

18
10 | 8
5 | 5 | 3

9

17
7 | 10
6 | 1 | 9

10

18
9 | 9
4 | 5 | 4
2 | 2 | 3 | 1

11

20
9 | 11
5 | 4 | 7
4 | 1 | 3 | 4

1 bis 3 Merkaufgaben und Nachbaraufgaben

1

12 – 6 = 6
12 – 7 = 5

12 – 6 = 6
12 – 5 = 7

14 – 7 = 7
14 – 8 = 6

14 – 7 = 7
14 – 6 = 8

2

16 – 8 = 8
16 – 9 = 7

16 – 8 = 8
16 – 7 = 9

18 – 9 = 9
18 – 10 = 8

18 – 9 = 9
18 – 8 = 10

3

20 – 10 = 10
20 – 11 = 9

20 – 10 = 10
20 – 9 = 11

16 – 8 = 8
15 – 8 = 7

16 – 8 = 8
17 – 8 = 9

4

5 | 5 / 2 | 3 → 15

4 | 4 / 6 | 2 → 16

3 | 3 / 7 | 6 → 19

6 | 6 / 3 | 1 → 16

7 | 7 / 4 | 0 → 18

8 | 8 / 2 | 2 → 20

7 | 7 / 1 | 5 → 20

6 | 6 / 4 | 4 → 20

(leer)

1 bis 3 Merkaufgaben und Nachbaraufgaben   Erfinde selbst eine Aufgabe.

1

20 – 10 = 10
19 – 10 = 9

18 – 9 = 9
17 – 9 = 8

16 – 8 = 8
15 – 8 = 7

14 – 7 = 7
13 – 7 = 6

2

12 – 6 = 6
11 – 6 = 5

10 – 5 = 5
9 – 5 = 4

14 – 7 = 7
15 – 7 = 8

16 – 8 = 8
17 – 8 = 9

3

18 – 9 = 9
19 – 9 = 10

12 – 6 = 6
13 – 6 = 7

10 – 5 = 5
11 – 5 = 6

20 – 10 = 10
21 – 10 = 11

4

+	3	5	2	7
1	4	6	3	8
11	14	16	13	18

5

+	6	9	8	0
1	7	10	9	1
11	17	20	19	11

6

–	1	3	0	9
9	8	6	9	0
19	18	16	19	10

7

–	6	8	7	5
9	3	1	2	4
19	13	11	12	14

8

–	3	5	2	0
10	7	5	8	10
20	17	15	18	20

9 △

–	9	10	8	15
10	1	0	2	X
20	11	10	12	5

1 bis 3 Merkaufgaben und Nachbaraufgaben   4 bis 9 Analogieaufgaben in Tabellen
△ Mache ein X, wenn eine Aufgabe nicht lösbar ist.

1

20 – 10 = 10
8 – 4 = 4

14 – 7 = 7
10 – 5 = 5

6 – 3 = 3
18 – 9 = 9

12 – 6 = 6
2 – 1 = 1

16 – 8 = 8
4 – 2 = 2

2

7 + 7 = 14
14 – 7 = 7

3 + 3 = 6
6 – 3 = 3

5 + 5 = 10
10 – 5 = 5

6 + 6 = 12
12 – 6 = 6

9 + 9 = 18
18 – 9 = 9

3

10 + 10 = 20
20 – 10 = 10

8 + 8 = 16
16 – 8 = 8

4 + 4 = 8
8 – 4 = 4

7 + 7 = 14
14 – 7 = 7

6 + 6 = 12
12 – 6 = 6

4

–	1	0
2	1	2
12	11	12
8	7	8
18	17	18
1	0	1
11	10	11
4	3	4
14	13	14

5 △

–	3	6
6	3	0
16	13	10
3	0	X
13	10	7
5	2	X
15	12	9
9	6	3
19	16	13

6 △

–	5	7
4	X	X
14	9	7
8	3	1
18	13	11
10	5	3
20	15	13
7	2	0
17	12	10

1 bis 3 Merkaufgaben (Halbieren und Verdoppeln)   4 bis 6 Analogieaufgaben in Tabellen
△ Mache ein X, wenn eine Aufgabe nicht lösbar ist.

1

18 − 8 = 10
16 − 6 = 10
13 − 3 = 10
18 − 0 = 18
14 − 4 = 10
12 − 1 = 11
19 − 9 = 10
15 − 5 = 10

2

17 − 7 = 10
20 − 2 = 18
11 − 1 = 10
19 − 0 = 19
13 − 3 = 10
18 − 8 = 10
15 − 1 = 14
16 − 1 = 15

3

12 − 3 = 9
14 − 1 = 13
11 − 3 = 8
20 − 1 = 19
20 − 10 = 10
19 − 3 = 16
17 − 8 = 9
11 − 11 = 0

4

10 − 5 = 5
9 − 4 = 5
8 − 3 = 5
7 − 2 = 5
6 − 1 = 5

5

10 − 5 = 5
10 − 4 = 6
10 − 3 = 7
10 − 2 = 8
10 − 1 = 9

6

10 − 5 = 5
11 − 6 = 5
12 − 7 = 5
13 − 8 = 5
14 − 9 = 5

7

10 + 5 = 15
11 + 5 = 16
12 + 5 = 17
13 + 5 = 18
14 + 5 = 19
15 + 5 = 20

8

10 + 5 = 15
9 + 6 = 15
8 + 7 = 15
7 + 8 = 15
6 + 9 = 15
5 + 10 = 15

9

18 + 1 = 19
17 + 2 = 19
16 + 3 = 19
15 + 4 = 19
14 + 5 = 19
13 + 6 = 19

4 bis 9 Was fällt auf? Regelmäßigkeiten beschreiben

1

8 + 8 = 16
8 + 9 = 17

6 + 6 = 12
5 + 6 = 11

7 + 7 = 14
7 + 6 = 13

9 + 8 = 17
9 + 7 = 16

2

12 − 6 = 6
12 − 7 = 5

12 − 6 = 6
12 − 5 = 7

14 − 7 = 7
14 − 8 = 6

14 − 7 = 7
14 − 6 = 8

3

16 − 8 = 8
16 − 7 = 9

16 − 8 = 8
16 − 9 = 7

18 − 9 = 9
18 − 8 = 10

18 − 9 = 9
18 − 10 = 8

4

+	0	1	6	3
3	3	4	9	6
13	13	14	19	16

5

+	7	5	4	8
3	10	8	7	11
13	20	18	17	21

6

−	8	0	1	7
8	0	8	7	1
18	10	18	17	11

7 △

−	5	2	3	9
8	3	6	5	X
18	13	16	15	9

8

+	3	5	7	0
2	5	7	9	2
12	15	17	19	12

9

+	2	6	4	8
2	4	8	6	10
12	14	18	16	20

1 bis 3 Merkaufgaben und Nachbaraufgaben 5 Im rosa Feld wird der Zahlenraum bis 20 überschritten.
4 bis 9 Analogieaufgaben in Tabellen △ Mache ein X, wenn eine Aufgabe nicht lösbar ist.

1

15 − 5 = 10
15 − 6 = 9
15 − 7 = 8

13 − 3 = 10
13 − 4 = 9
13 − 5 = 8

14 − 4 = 10
14 − 5 = 9
14 − 6 = 8

2

7 + 3 = 10
7 + 4 = 11
7 + 5 = 12

8 + 2 = 10
8 + 3 = 11
8 + 4 = 12

6 + 4 = 10
6 + 5 = 11
6 + 6 = 12

3

11 − 1 = 10
11 − 2 = 9
11 − 3 = 8

12 − 2 = 10
12 − 3 = 9
12 − 4 = 8

17 − 7 = 10
17 − 8 = 9
17 − 9 = 8

4

20
13 | 7
7 | 6 | 1

5

16
9 | 7
5 | 4 | 3

6

19
8 | 11
2 | 6 | 5

7

20
9 | 11
3 | 6 | 5

8

20
12 | 8
7 | 5 | 3

9

18
8 | 10
4 | 4 | 6

10

17
10 | 7
8 | 2 | 5

11

16
10 | 6
5 | 5 | 1

12

1 bis 3 Schritt für Schritt über den Zehner ✎ Erfinde selbst eine Aufgabe.

1

3 + 9 = 12
9 + 3 = 12

5 + 8 = 13
8 + 5 = 13

4 + 7 = 11
7 + 4 = 11

3 + 8 = 11
8 + 3 = 11

2

3 + 11 = 14
11 + 3 = 14

2 + 16 = 18
16 + 2 = 18

4 + 15 = 19
15 + 4 = 19

4 + 8 = 12
8 + 4 = 12

3

2 + 18 = 20
18 + 2 = 20

4 + 9 = 13
9 + 4 = 13

7 + 10 = 17
10 + 7 = 17

3 + 17 = 20
17 + 3 = 20

4

9 + 9 = 18
9 + 8 = 17
9 + 7 = 16
9 + 6 = 15
9 + 5 = 14

5

8 + 8 = 16
9 + 7 = 16
10 + 6 = 16
11 + 5 = 16
12 + 4 = 16

6

12 + 2 = 14
13 + 2 = 15
14 + 2 = 16
15 + 2 = 17
16 + 2 = 18

7

12 − 6 = 6
12 − 7 = 5
12 − 8 = 4
12 − 9 = 3
12 − 10 = 2

8

14 − 7 = 7
15 − 7 = 8
16 − 7 = 9
17 − 7 = 10
18 − 7 = 11

9

18 − 9 = 9
17 − 8 = 9
16 − 7 = 9
15 − 6 = 9
14 − 5 = 9

1 bis 3 Tauschaufgaben 4 bis 9 Was fällt auf? Regelmäßigkeiten beschreiben

Das Übungsheft 1 – Lösungen (Seite 74–77)

Die große Rätselseite

0	5	7	9	10	12	13	15	17	18	19	20
A	B	C	E	H	I	L	N	R	S	T	U

9 + 9 = 18	S	12 + 5 = 17	R
16 − 9 = 7	C	15 − 15 = 0	A
18 − 8 = 10	H	7 + 13 = 20	U
12 + 3 = 15	N	14 + 4 = 18	S
0 + 0 = 0	A	16 + 3 = 19	T
15 − 10 = 5	B	19 − 2 = 17	R
0 + 9 = 9	E	8 − 8 = 0	A
18 − 5 = 13	L	2 + 11 = 13	L
2 + 17 = 19	T	19 − 7 = 12	I
6 + 6 = 12	I	1 + 8 = 9	E
15 − 6 = 9	E	20 − 5 = 15	N

ICH BIN EIN S C H N A B E L T I E R

UND LEBE IN A U S T R A L I E N.

1

Schritt 1: 12 − 2 = 10
Schritt 2: 10 − 3 = 7

Schritt 1: 12 − 5 = ___ (2 | ___)

Schritt 2: 12 − 5 = 7 (2 | 3)

2

13 − 4 = 9 (3 | 1)
11 − 5 = 6 (1 | 4)
11 − 2 = 9 (1 | 1)
13 − 5 = 8 (3 | 2)
12 − 3 = 9 (2 | 1)
11 − 4 = 7 (1 | 3)

3

11 − 6 = 5 (1 | 5)
13 − 6 = 7 (3 | 3)
15 − 6 = 9 (5 | 1)
12 − 7 = 5 (2 | 5)
15 − 7 = 8 (5 | 2)
14 − 7 = 7 (4 | 3)

4

12 − 4 = 8 (2 | 2)
14 − 5 = 9 (4 | 1)
11 − 3 = 8 (1 | 2)
12 − 6 = 6 (2 | 4)
16 − 7 = 9 (6 | 1)
13 − 7 = 6 (3 | 4)

5

−	2	4
11	9	7
13	11	9

6

−	3	5
13	10	8
12	9	7

7

−	6	7
11	5	4
15	9	8

1 bis 4 Einführung von „In zwei Schritten über den Zehner – minus“

1

Schritt 1: 9 + 1 = 10
Schritt 2: 10 + 5 = 15

Schritt 1: 9 + 6 = ___ (1 | ___)

Schritt 2: 9 + 6 = 15 (1 | 5)

2

7 + 4 = 11 (3 | 1)
9 + 5 = 14 (1 | 4)
9 + 2 = 11 (1 | 1)
7 + 5 = 12 (3 | 2)
8 + 3 = 11 (2 | 1)

3

9 + 6 = 15 (1 | 5)
7 + 6 = 13 (3 | 3)
8 + 7 = 15 (2 | 5)
5 + 7 = 12 (5 | 2)
6 + 7 = 13 (4 | 3)

4

8 + 4 = 12 (2 | 2)
6 + 5 = 11 (4 | 1)
9 + 3 = 12 (1 | 2)
8 + 6 = 14 (2 | 4)
4 + 7 = 11 (6 | 1)

5

7 + 6 = 13
7 + 5 = 12
7 + 4 = 11
7 + 3 = 10
7 + 2 = 9

6

8 + 3 = 11
8 + 4 = 12
8 + 5 = 13
8 + 6 = 14
8 + 7 = 15

7

3 + 9 = 12
4 + 8 = 12
5 + 7 = 12
6 + 6 = 12
7 + 5 = 12

1 △

−	4	6	7	10
20	16	14	13	10
15	11	9	8	5
13	9	7	6	3
11	7	5	4	1
10	6	4	3	0
8	4	2	1	X
7	3	1	0	X

2

+	3	5	7	10
3	6	8	10	13
7	10	12	14	17
9	12	14	16	19
10	13	15	17	20
12	15	17	19	22
14	17	19	21	24
18	21	23	25	28

3

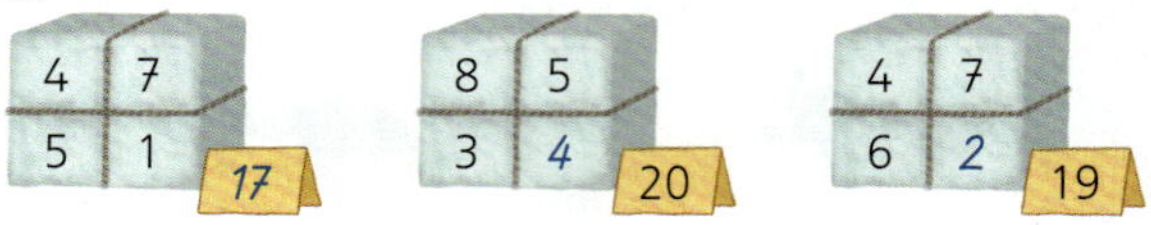

4, 7, 5, 1 → 17

8, 5, 3, 4 → 20

4, 7, 6, 2 → 19

4

2 + 8 = 10
6 + 4 = 10

5

13 + 7 = 20
18 + 2 = 20

6

19 + 1 = 20
15 + 5 = 20

7

18
10 | 8
7 | 3 | 5
6 | 1 | 2 | 3

9

20
11 | 9
3 | 8 | 1

8

20
10 | 10
4 | 6 | 4
1 | 3 | 3 | 1

1 bis 4 Einführung von „In zwei Schritten über den Zehner – plus“
5 bis 7 Was fällt auf? Regelmäßigkeiten beschreiben

△ Mache ein X, wenn eine Aufgabe nicht lösbar ist.
2 Die Ergebnisse in den rosa eingefärbten Feldern überschreiten den Zahlenraum bis 20.

1
12 − 2 = 10
17 − 7 = 10
14 − 4 = 10
18 − 8 = 10
15 − 5 = 10

2
8 = 5 + 3
8 = 7 + 1
8 = 3 + 5
8 = 1 + 7
8 = 4 + 4

3
9 = 6 + 3
9 = 8 + 1
9 = 2 + 7
9 = 5 + 4
9 = 3 + 6

4
15 − 8 = 7 (5, 3)
17 − 8 = 9 (7, 1)
13 − 8 = 5 (3, 5)
11 − 8 = 3 (1, 7)
14 − 8 = 6 (4, 4)

5
16 − 9 = 7 (6, 3)
18 − 9 = 9 (8, 1)
12 − 9 = 3 (2, 7)
15 − 9 = 6 (5, 4)
13 − 9 = 4 (3, 6)

6
17 − 9 = 8 (7, 2)
12 − 8 = 4 (2, 6)
11 − 9 = 2 (1, 8)
16 − 8 = 8 (6, 2)
14 − 9 = 5 (4, 5)

7

−	8	9
13	5	4
14	6	5

8

−	8	9
11	3	2
17	9	8

9

−	9	6
12	3	6
15	6	9

4 bis 6 In zwei Schritten über den Zehner

1
10 = 8 + 2
10 = 7 + 3

2
10 = 2 + 8
10 = 4 + 6

3
10 = 9 + 1
10 = 5 + 5

4
5 + 8 = 13 (5, 3)
3 + 8 = 11 (7, 1)
7 + 8 = 15 (3, 5)
9 + 8 = 17 (1, 7)
6 + 8 = 14 (4, 4)

5
4 + 9 = 13 (6, 3)
2 + 9 = 11 (8, 1)
8 + 9 = 17 (2, 7)
5 + 9 = 14 (5, 4)
7 + 9 = 16 (3, 6)

6
3 + 9 = 12 (7, 2)
8 + 8 = 16 (2, 6)
9 + 9 = 18 (1, 8)
4 + 8 = 12 (6, 2)
6 + 9 = 15 (4, 5)

7
17
8 9
3 5 4

8
14
6 8
4 2 6

9
13
4 9
1 3 6

10
13
5 8
0 5 3

11
16
7 9
6 1 8

4 bis 6 In zwei Schritten über den Zehner

1
11 − 6 = 5 (1, 5)
6 + 7 = 13 (4, 3)
14 − 9 = 5 (4, 5)
7 + 9 = 16 (3, 6)
13 − 6 = 7 (3, 3)

2
14 − 5 = 9 (4, 1)
8 + 5 = 13 (2, 3)
15 − 8 = 7 (5, 3)
8 + 4 = 12 (2, 2)
13 − 5 = 8 (3, 2)

3
11 − 9 = 2 (1, 8)
5 + 8 = 13 (5, 3)
13 − 8 = 5 (3, 5)
7 + 6 = 13 (3, 3)
11 − 5 = 6 (1, 4)

4 △

−	5	7	9	10
9	4	2	0	X
15	10	8	6	5
19	14	12	10	9

5

+	3	7	9	10
6	9	13	15	16
8	11	15	17	18
10	13	17	19	20

6
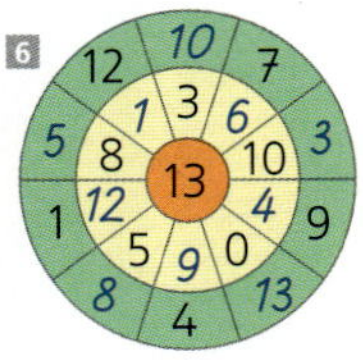

7
20

8
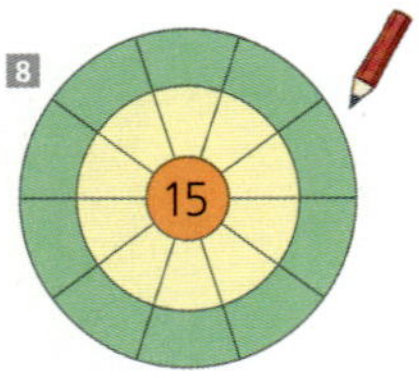

1 bis 3 In zwei Schritten über den Zehner — Erfinde selbst eine Aufgabe.

Der 4. Rechenmeister

5 min

1

−	4	6
6	2	0
16	12	10
9	5	3
19	15	13

2

+	2	5
3	5	8
13	15	18
5	7	10
15	17	20

3

−	5	7
7	2	0
17	12	10
10	5	3
20	15	13

8
8
8

4
14 − 7 = 7
14 − 8 = 6
12 − 6 = 6
12 − 5 = 7

5
8 + 8 = 16
7 + 8 = 15
9 + 9 = 18
9 + 8 = 17

6
16 − 8 = 8
15 − 8 = 7
16 − 8 = 8
16 − 7 = 9

4
4
4

7
3 9
1 3
16

8
7 5
5 0
17

9
4 8
2 6
20

1
1
1

10
7 + 9 = 16
4 + 9 = 13

11
12 − 7 = 5
13 − 9 = 4

12
2 + 16 = 18
3 + 14 = 17

2
2
2

13
16
7 9
5 2 7
3 2 0 7

14
20
11 9
7 4 5
5 2 2 3

6
6

Du hast ___ von 57 Aufgaben richtig gelöst.
Urkunde zum Ausdrucken → www.das-uebungsheft-1.de/urkunde

Das Übungsheft 1 – Lösungen (Seite 82–83)

Knobelaufgaben

+ oder – ?

1

+	6	10
7	13	17
6	12	16
3	9	13

2

–	4	9
16	12	7
14	10	5
21	17	12

3

+	11	5
12	23	17
8	19	13
9	20	14

4

–	3	5
8	5	3
16	13	11
19	16	14

5 △

–	6	10
13	7	3
6	0	X
20	14	10

6

+	9	13
7	16	20
11	20	24
20	29	33

7

3 + 3 + 3 = 10 – 1
3 + 3 + 2 = 10 – 2
3 + 3 + 1 = 10 – 3
3 + 3 + 0 = 10 – 4

8

19 – 7 = 7 + 3 + 2
19 – 8 = 7 + 3 + 1
19 – 9 = 7 + 3 + 0
19 – 10 = 7 + 2 + 0

9

			20			
		8		12		
	3		5		7	
1		2		3		4

10

			25			
		13		12		
	6		7		5	
4		2		5		0

7 und 8 Es sind mehrere Lösungen möglich.

Der große Knobelmeister

1 7

–	14	10
16	2	6
17	3	7
19	5	9

2 7

+	7	12
6	13	18
11	18	23
12	19	24

3 6

+	11	15
6	17	21
8	19	23
4	15	19

4 2

7 + 7 = 8 – 4 + 10
8 + 7 = 8 – 3 + 10

5 2

5 + 5 = 10 – 6 + 6
5 + 6 = 10 – 6 + 7

6 10

				28				
			16		12			
		9		7		5		
	6		3		4		1	
6		0		3		1		0

7 4

1	6	2
2	3	4
4	3	5

30

8 4

4 – 3 = 1
8 – 6 = 2
12 – 9 = 3
16 – 12 = 4

9 4

6 + 8 = 14
7 + 10 = 17
8 + 12 = 20
9 + 14 = 23

10 4

15 – 5 = 10
14 – 6 = 8
13 – 7 = 6
12 – 8 = 4

11 5

6	19	18	8	17	16	10	15	14	12	13	12

12 5

20	20	19	21	18	22	17	23	16	24	15	25

4, 5 und 7 Es sind mehrere Lösungen möglich.

Du hast ___ von 60 Aufgaben richtig gelöst.
Urkunde zum Ausdrucken → www.das-uebungsheft-1.de/urkunde

EIS

Urkunden zur Belohnung

Für jeden Rechen- und Knobelmeister finden Sie eine Urkunde zum Ausdrucken unter:

www.das-uebungsheft-1.de/urkunde

1

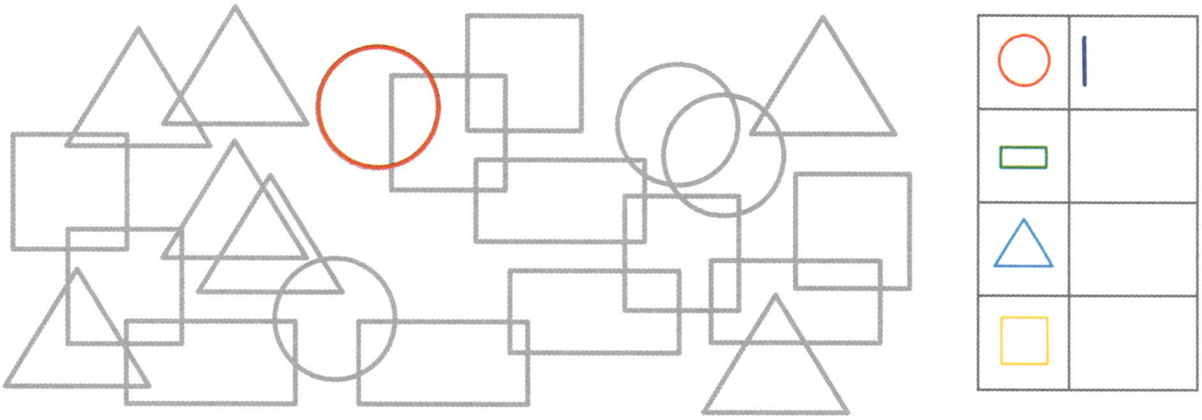

2

1	2	3	10	4	5	6	10	7			10

3

2	2	4	4	6		8					12

4

20	20	0	19	19	1	18	18				3

5

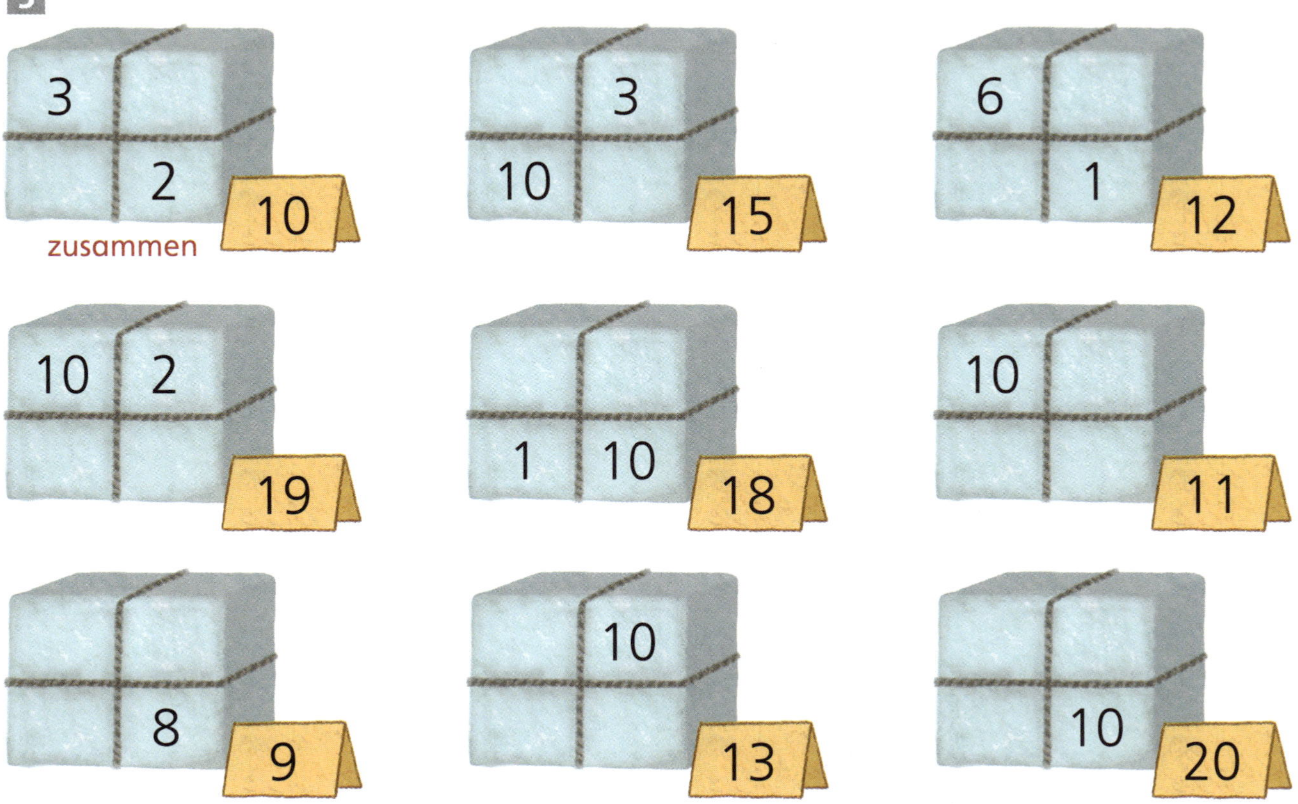

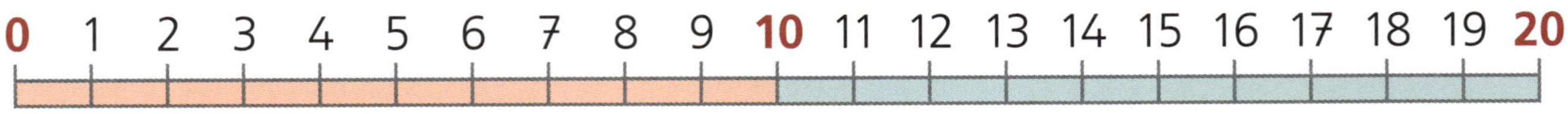

1

5 − 1 = □
15 − 1 = □

5 − 2 = □
15 − 2 = □

2 − 1 = □
12 − 1 = □

2 − 2 = □
12 − 2 = □

2

4 − 1 = □
14 − 1 = □

4 − 2 = □
14 − 2 = □

7 − 1 = □
17 − 1 = □

□ − □ = □
17 − 2 = □

3

3 − 1 = □
13 − 1 = □

3 − 2 = □
13 − 2 = □

□ − □ = □
19 − 1 = □

□ − □ = □
19 − 2 = □

4

1 + 5 = □
5 + 1 = □

1 + 4 = □
4 + 1 = □

2 + 5 = □
5 + 2 = □

2 + 7 = □
7 + 2 = □

5

1 + 6 = □
6 + 1 = □

1 + 7 = □
□ + □ = □

1 + 8 = □
□ + □ = □

1 + 9 = □
□ + □ = □

6

1 + 15 = □
15 + 1 = □

1 + 11 = □
□ + □ = □

2 + 13 = □
□ + □ = □

2 + 18 = □
□ + □ = □

1 bis **3** Analogieaufgaben **4** bis **6** Tauschaufgaben

1

5 – 1 = ☐
5 – 4 = ☐

5 – 0 = ☐
5 – 5 = ☐

5 – 2 = ☐
5 – 3 = ☐

5 – 4 = ☐
5 – 1 = ☐

2

6 – 2 = ☐
6 – 4 = ☐

6 – 1 = ☐
6 – 5 = ☐

6 – 6 = ☐
6 – 0 = ☐

6 – 3 = ☐
6 – ☐ = ☐

3

7 – 1 = ☐
7 – 6 = ☐

7 – 4 = ☐
7 – 3 = ☐

7 – 5 = ☐
7 – ☐ = ☐

7 – 7 = ☐
7 – ☐ = ☐

Ich rechne:
9 + 1 = 10

4

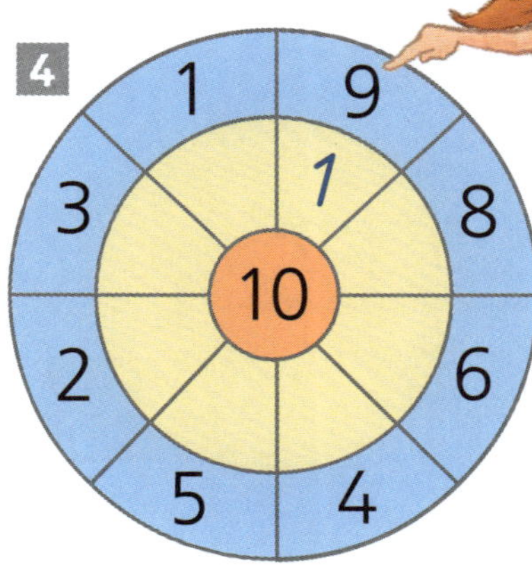

Ich rechne:
10 – 1 = 9

5

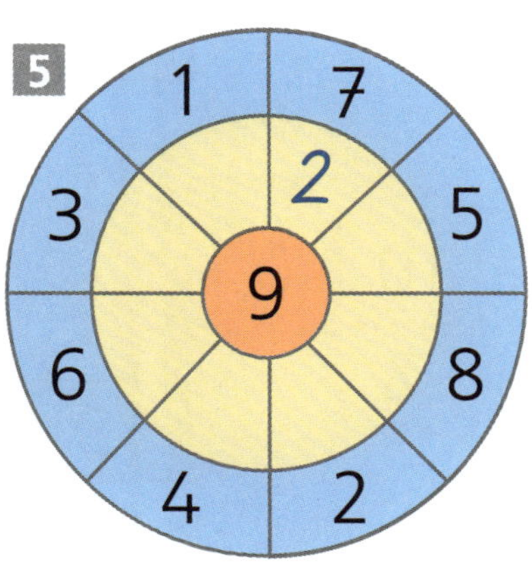

6

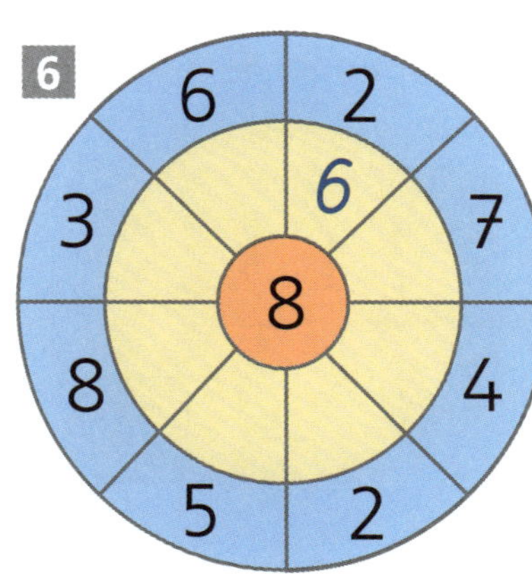

7

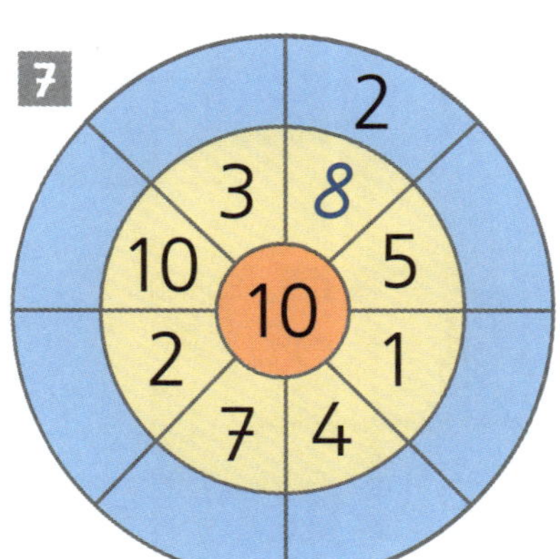

0 1 2 3 4 5 6 7 8 9 10 11 12 13 14 15 16 17 18 19 20

1

$15 + 1 =$

$15 - 1 =$

$8 + 1 =$

$8 - 1 =$

$12 + 1 =$

$12 - 1 =$

$9 + 1 =$

$9 - 1 =$

2

$10 + 1 =$

$10 - 1 =$

$16 + 1 =$

$16 - 1 =$

$7 + 1 =$

$7 - 1 =$

$13 + 1 =$

$13 - 1 =$

3

$17 + 1 =$

$17 - 1 =$

$1 + 1 =$

$1 - 1 =$

$11 + 1 =$

$11 - 1 =$

$19 + 1 =$

$19 - 1 =$

4

Erfinde selbst eine Aufgabe.

1

15

10 + ___

___ + 10

14 + ___

___ + 14

12 + ___

___ + 12

9 + ___

___ + 9

8 + ___

___ + 8

5 + 5 + ___

4 + 4 + ___

3 + 3 + ___

5 + 5 + 4 + ___

5 + 5 + 2 + ___

4 + 4 + 4 + ___

2

15 = ___ + 5

15 = ___ + 4

15 = ___ + 3

15 = ___ + 2

15 = ___ + 1

15 = ___ + 0

3

15 − ___ = 15

17 − ___ = 15

19 − ___ = 15

___ − 3 = 15

___ − 4 = 15

___ − 5 = 15

0 1 2 3 4 5 6 7 8 9 10 11 12 13 14 15 16 17 18 19 20

1

7 + 10 = ☐
10 + 7 = ☐

5 + 10 = ☐
10 + 5 = ☐

3 + 10 = ☐
10 + 3 = ☐

9 + 10 = ☐
☐ + 9 = ☐

2

14 = ☐ + 10
14 = ☐ + 4

16 = ☐ + 10
16 = ☐ + 6

13 = ☐ + 10
13 = ☐ + 3

18 = ☐ + 10
18 = ☐ + ☐

3

6 + 10 = ☐
3 + 10 = ☐
8 + 10 = ☐
4 + 10 = ☐
2 + 10 = ☐
9 + 10 = ☐
7 + 10 = ☐
1 + 10 = ☐

4

16 − 6 = ☐
16 − 5 = ☐
16 − 4 = ☐
16 − 3 = ☐
16 − ☐ = ☐

5

5 − 3 = ☐
6 − 4 = ☐
7 − 5 = ☐
8 − 6 = ☐
9 − ☐ = ☐

6

15 − 1 = ☐
16 − 2 = ☐
17 − 3 = ☐
18 − 4 = ☐
19 − ☐ = ☐

7

10 − 1 = ☐
11 − 2 = ☐
12 − 3 = ☐
13 − ☐ = ☐

8

20 − 2 = ☐
19 − 2 = ☐
18 − 2 = ☐
17 − ☐ = ☐

9

8 − 6 = ☐
7 − 5 = ☐
6 − 4 = ☐
☐ − ☐ = ☐

1 und **2** Tauschaufgaben **4** bis **9** Was fällt auf? Regelmäßigkeiten beschreiben

1

2

	3			
2		1		2

3

		7		
4		0		3

4

2		1		4

5

2		3		2

6

2		2		4

7

4		3		0

8

7 − 0 = ___
7 − 7 = ___

7 − 1 = ___
7 − 6 = ___

7 − 2 = ___
7 − 5 = ___

7 − 3 = ___
7 − 4 = ___

9

4 + 4 = ___
___ − 4 = 4

5 + 3 = ___
___ − 3 = 5

1 + 7 = ___
___ − 7 = 1

6 + 2 = ___
___ − 2 = 6

10

___ − 1 = 8
8 + 1 = ___

___ − 3 = 6
6 + 3 = ___

___ − 4 = 5
5 + 4 = ___

___ − 0 = 9
9 + 0 = ___

1

10 − 1 =

10 − 3 =

10 − 5 =

10 − 8 =

10 − 7 =

2

10 − 4 =

10 − 9 =

10 − 2 =

10 − 6 =

10 − 0 =

3

10 = 5 +

10 = + 2

10 = 4 +

10 = + 7

10 = 9 +

4

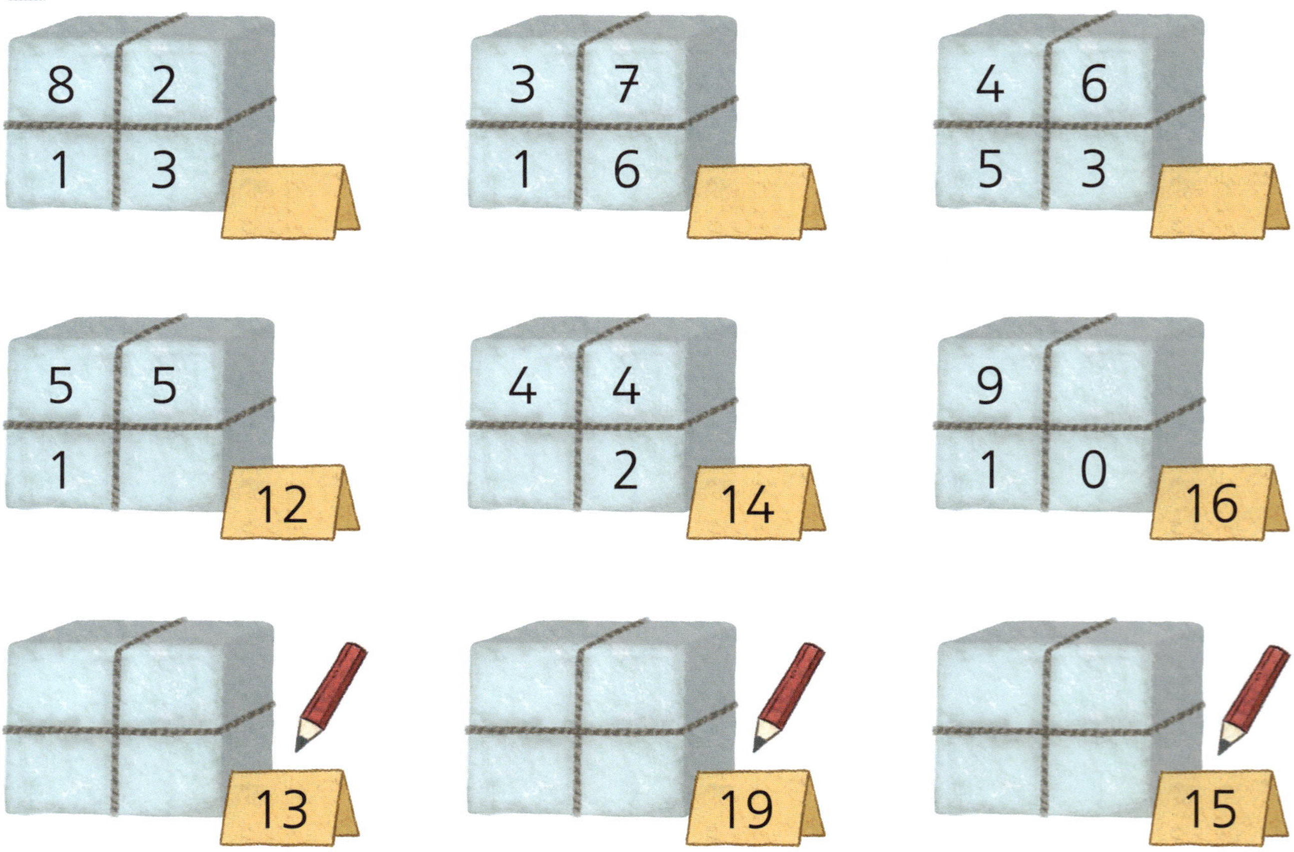

5

11	12				16				

20	19				15				

5 Zahlenfolgen ✎ Erfinde selbst eine Aufgabe.

1

1 = 1 + ___
2 = 1 + ___
3 = 1 + ___
6 = 1 + ___
5 = 1 + ___
9 = 1 + ___
7 = 1 + ___
8 = 1 + ___
4 = 1 + ___

2 △

___ + 1 = 7
___ + 1 = 3
___ + 1 = 8
___ + 1 = 4
___ + 1 = 6
___ + 1 = 9
___ + 1 = 5
___ + 1 = 10
___ + 1 = 0

3

___ − 6 = 3
2 + ___ = 9
___ − 3 = 5
5 + ___ = 10
___ − 8 = 0
3 + ___ = 8
___ − 7 = 1
1 + ___ = 6
___ − 5 = 2

4

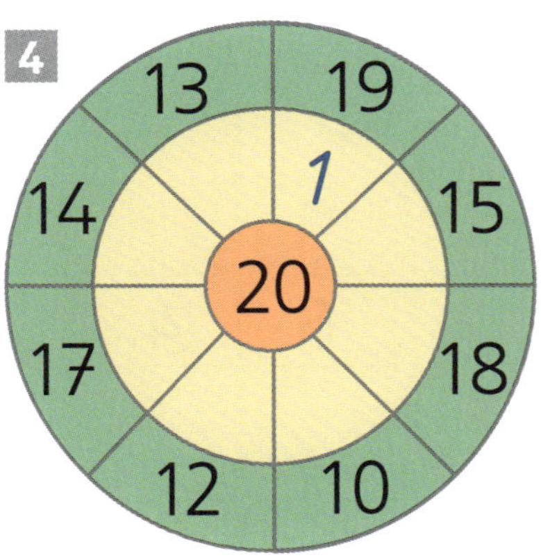

5

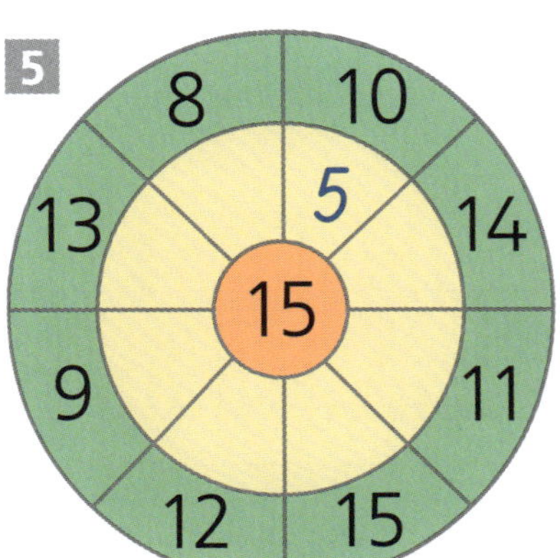

Ich rechne:
10 + 9 + 1 = 20

6

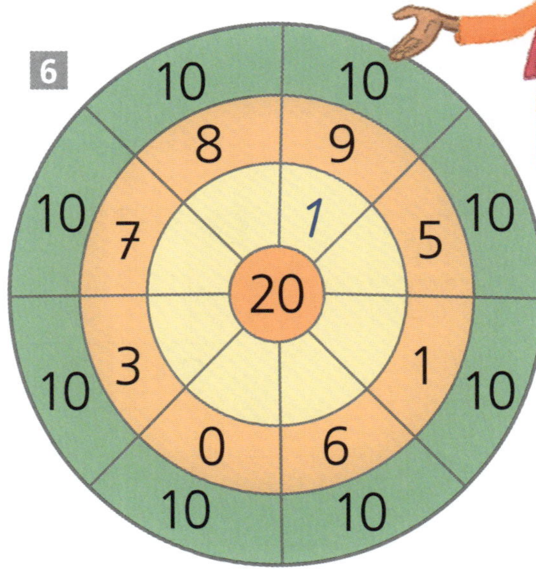

0 1 2 3 4 5 6 7 8 9 10 11 12 13 14 15 16 17 18 19 20

1

0 + 1 =
10 + 1 =

0 + 2 =
10 + 2 =

2 + 1 =
12 + 1 =

2 + 2 =
12 + 2 =

2

4 + 1 =
14 + 1 =

4 + 2 =
14 + 2 =

7 + 1 =
17 + 1 =

__ + 2 =
17 + 2 =

3

3 + 1 =
13 + 1 =

3 + 2 =
13 + 2 =

__ + __ =
15 + 1 =

__ + __ =
15 + 2 =

4

__
10 __
8 2 2

5

__
__ __
3 5 5

6

__
__ __
6 4 2

7

__
__ __
7 3 4

8

__
__ __
8 2 7

9

__
__ __
9 1 8

10

9
__ __
3 2 __
1 2 0 2

11

__
__ __
__ __ __
__ __ __ __

1 bis **3** Analogieaufgaben Erfinde selbst eine Aufgabe.

1

6 + 3 = ☐
16 + 3 = ☐

7 + 2 = ☐
17 + 2 = ☐

5 + 4 = ☐
15 + 4 = ☐

2

5 + 3 = ☐
15 + 3 = ☐

9 + 1 = ☐
19 + 1 = ☐

☐ + ☐ = ☐
13 + 0 = ☐

3

1 + 8 = ☐
11 + 8 = ☐

☐ + ☐ = ☐
12 + 6 = ☐

☐ + ☐ = ☐
17 + 3 = ☐

4

6 − 1 = ☐
16 − 1 = ☐

5 − 3 = ☐
15 − 3 = ☐

7 − 4 = ☐
17 − 4 = ☐

5

9 − 5 = ☐
19 − 5 = ☐

8 − 4 = ☐
18 − 4 = ☐

☐ − ☐ = ☐
16 − 3 = ☐

6

7 − 6 = ☐
17 − 6 = ☐

☐ − ☐ = ☐
15 − 4 = ☐

☐ − ☐ = ☐
19 − 7 = ☐

7

8

9

Die große Rätselseite

0	1	3	7	9	10	12	15	17	19	20
A	B	C	E	G	H	I	L	N	U	W

10 + 2 =	12	I	10 − 9 =		
9 − 6 =			3 + 4 =		
0 + 10 =			11 + 4 =		
20 − 19 =			20 − 1 =		
17 − 5 =			0 + 9 =		
14 + 3 =			16 − 16 =		
2 + 5 =			13 + 7 =		
20 − 8 =			0 − 0 =		
11 + 6 =			14 + 1 =		

I		

.

1

+	1
4	5
14	15

+	1	3
4	5	7
14	15	

4 + 1 = 5
14 + 1 = 15

4 + 3 = 7
14 + 3 =

2

+	3	4
4	7	
14	17	

3

+	1	2
3		
13		

4

+	3	5
2		
12		

5

+	1	2
5		
15		

6

+	3	5
5		
15		

7

+	0	4
5		
15		

8

10	9	
2	8	

9

2	5	5

10

3	7	2

11

7			
	5	0	1

12 ✎

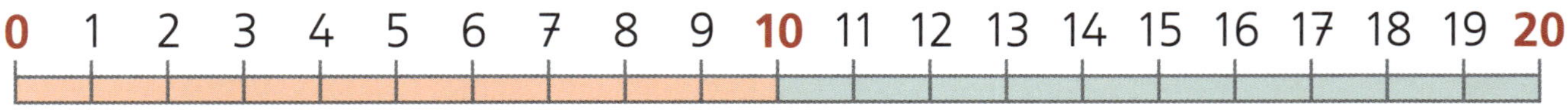

1

4 − 1 = ___
14 − 1 = ___

6 − 2 = ___
16 − 2 = ___

9 − 8 = ___
19 − 8 = ___

7 − 3 = ___
17 − 3 = ___

2

9 − 6 = ___
19 − 6 = ___

9 − 4 = ___
19 − 4 = ___

8 − 7 = ___
18 − 7 = ___

___ − ___ = ___
16 − 5 = ___

3

7 − 5 = ___
17 − 5 = ___

8 − 5 = ___
18 − 5 = ___

___ − ___ = ___
19 − 6 = ___

___ − ___ = ___
18 − 3 = ___

4

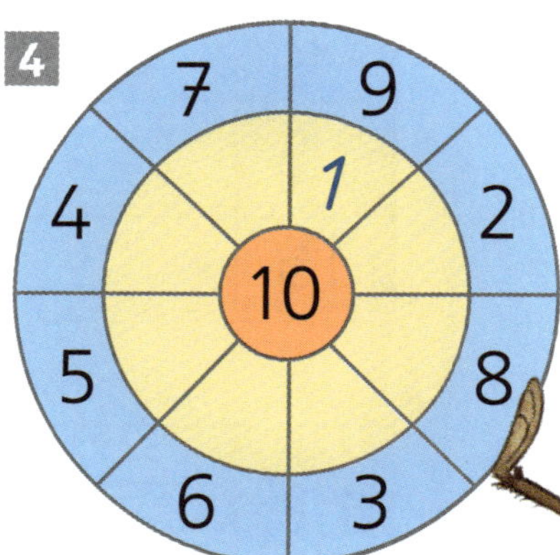

5

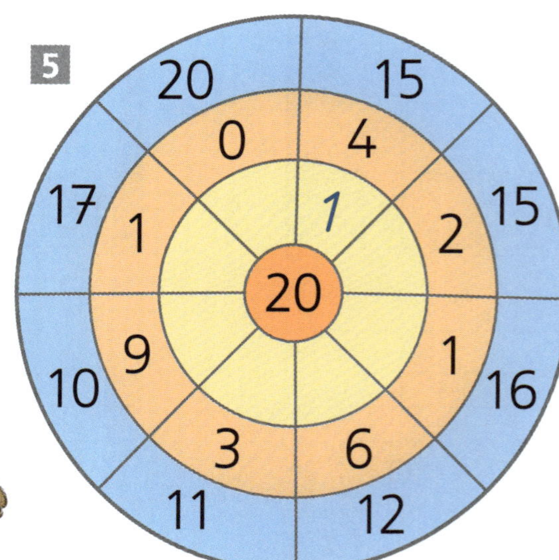

6

1 bis **3** Analogieaufgaben ✎ Erfinde selbst eine Aufgabe.

1

−	2
4	*2*
14	*12*

4 − 2 = *2*
14 − 2 = *12*

−	2	3
4	*2*	*1*
14	*12*	

2

−	1	6
6	*5*	
16		

3

−	1	5
5		
15		

4

−	0	6
8		
18		

5

−	2	4
5		
15		
7		
17		

6

−	3	4
4		
14		
8		
18		

7

−	5	
7		0
17		
9		2
19		

8

5 + ___ = 10
3 + ___ = 10
0 + ___ = 10
7 + ___ = 10
4 + ___ = 10

9

___ + 10 = 10
___ + 2 = 10
___ + 8 = 10
___ + 5 = 10
___ + 1 = 10

10

10 − ___ = 9
10 − ___ = 1
10 − ___ = 7
10 − ___ = 3
10 − ___ = 0

1

10 + 2 = ☐
9 + 2 = ☐

10 + 5 = ☐
9 + 5 = ☐

10 + 8 = ☐
9 + 8 = ☐

10 + 6 = ☐
9 + 6 = ☐

2

12 − 2 = ☐
12 − 3 = ☐

14 − 4 = ☐
14 − 5 = ☐

19 − 9 = ☐
19 − 10 = ☐

17 − 7 = ☐
17 − 8 = ☐

3

13 − ☐ = 10
13 − ☐ = 9

11 − ☐ = 10
11 − ☐ = 9

18 − ☐ = 10
18 − ☐ = 9

16 − ☐ = 10
16 − ☐ = 9

4

10 + 8 + ☐

10 + 7 + ☐

5 + 5 + ☐

6 + 4 + 8 + ☐

☐ + ☐ + ☐

10 + 10 + ☐

☐ + ☐ + ☐

☐ + ☐ + ☐

1 bis **3** Nachbaraufgaben ✎ Erfinde selbst eine Aufgabe.

1

	___	
___	7	
6	4	___

2

	___	
___	10	
6	___	8

3

	___	
___	___	
4	5	5

4

		___	
	___	___	
___	___	3	
5	2	___	2

5

		___	
	___	___	
___	4	0	
8	___	0	___

6 **13**

12 + ___
___ + 11
10 + ___
___ + 9
8 + ___

7 **18**

13 + ___
___ + 12
11 + ___
___ + 10
9 + ___

8 **16**

12 + ___
___ + 11
10 + ___
___ + 9
8 + ___

9 **14**

___ + 11
10 + ___
___ + 9
8 + ___
___ + 7

10 **12**

12 + ___
___ + 11
10 + ___
___ + 9
8 + ___

11 **15**

___ + 11
10 + ___
___ + 9
8 + ___
___ + 7

Der 3. Rechenmeister

1

3 + 1 = __
13 + 1 = __

5 − 1 = __
15 − 1 = __

2

5 + 2 = __
__ + 2 = __

3 − 2 = __
__ − 2 = __

3

__ + 1 = __
17 + 1 = __

__ − 1 = __
18 − 1 = __

4

+	2	4
3		
13		
6		
16		

5

−	2	5
5		
15		
7		
17		

6

−	7	9
9		
19		
10		
20		

7

10 = 4 + 2 + __
10 = 5 + 3 + __
10 = 3 + 2 + __

8

10 = 5 + __
10 = 3 + __
10 = 8 + __

9

10 = 1 + 2 + __
10 = 7 + 3 + __
10 = 2 + 2 + __

10

__ + 1 = 7
__ + 1 = 3

11

1 + __ = 9
5 + __ = 6

12

__ + 1 = 8
__ + 2 = 4

13

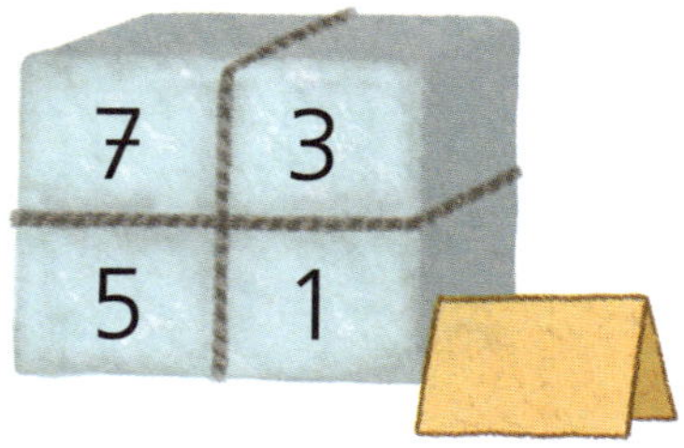

14

15

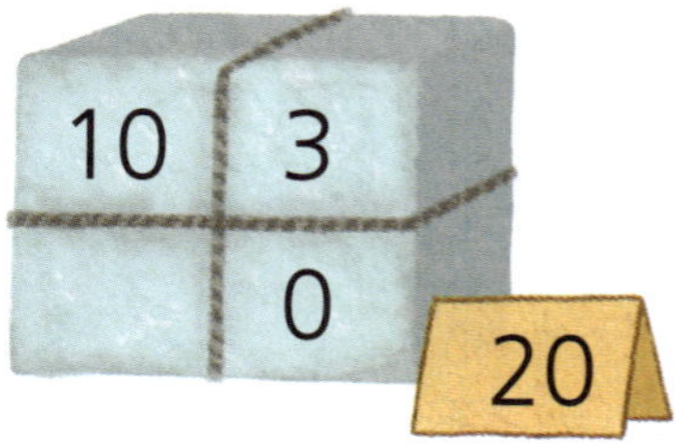

Du hast __ von 54 Aufgaben richtig gelöst.
Urkunde zum Ausdrucken → www.das-uebungsheft-1.de/urkunde

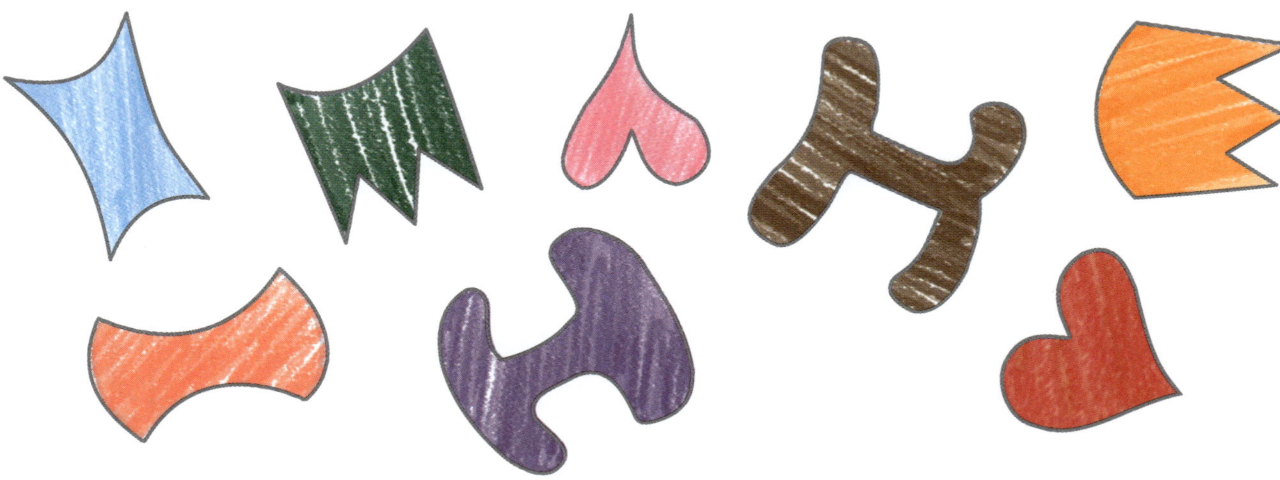

+ oder − ?

9

○		
3	7	
	8	
10		16
12		
		20

10

○	3	
	6	
7		0
	7	
	14	
		13

11

○		
		6
6		
14	13	12
	15	
		18

1 bis **8** Formen entsprechend Vorgabe anmalen
9 bis **11** bereiten auf die Knobelseiten 82 und 83 vor.

1

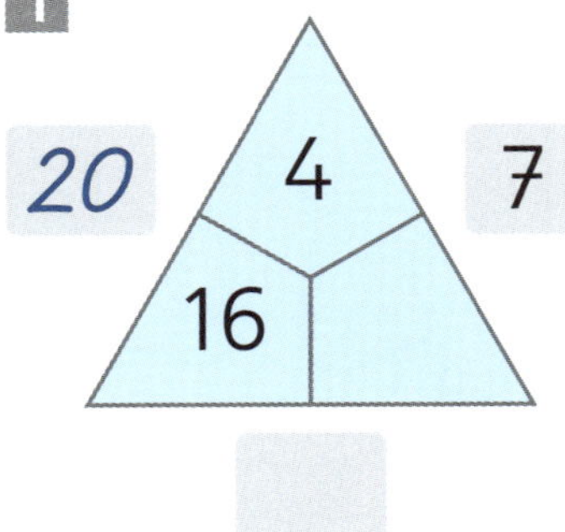

2

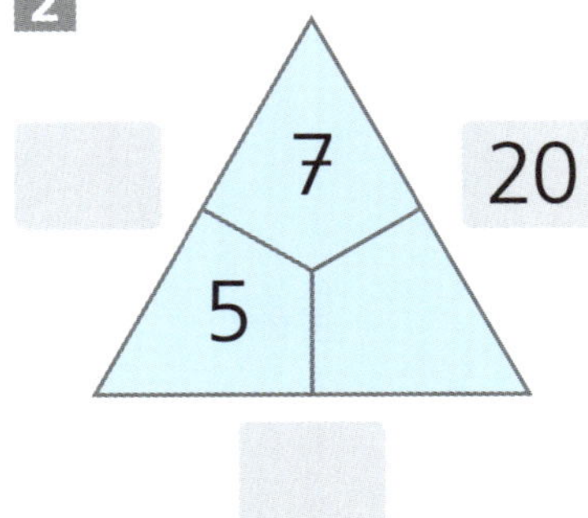

3

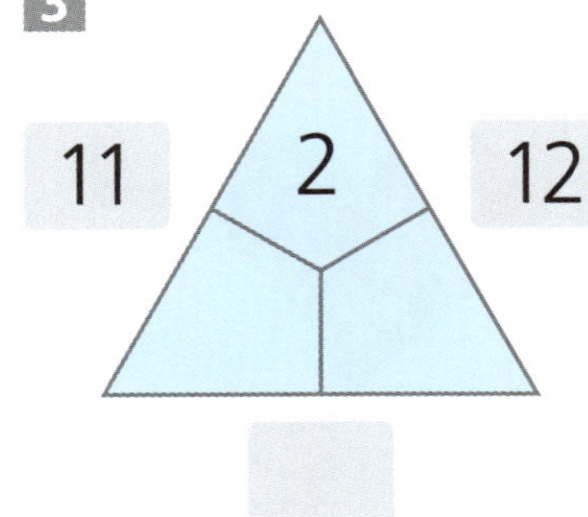

4

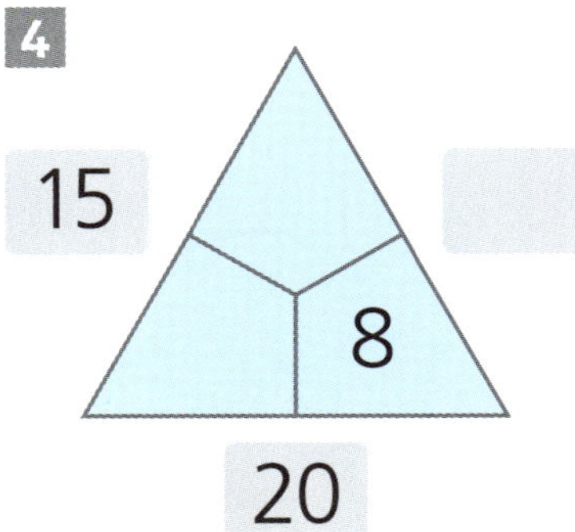

5

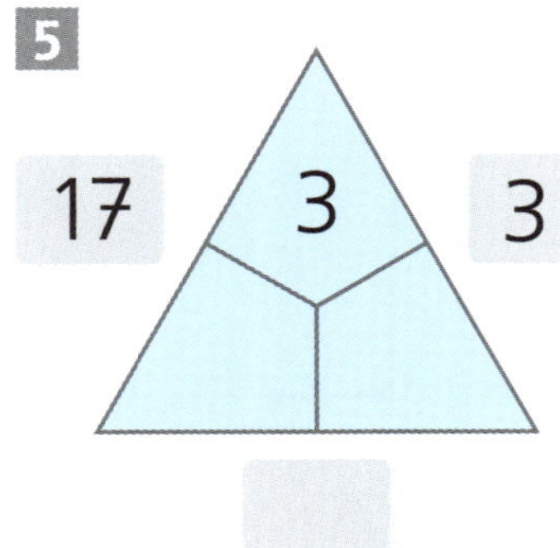

6

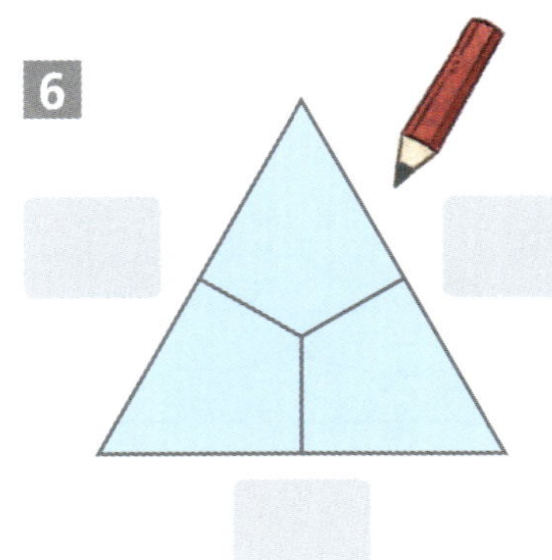

7	8	9
4 + 2 = ☐	17 + 3 = ☐	20 − 3 = ☐
6 + 2 = ☐	20 − 6 = ☐	17 + 2 = ☐
8 − 5 = ☐	14 + 3 = ☐	19 − 3 = ☐
3 + 2 = ☐	17 − 6 = ☐	16 + 2 = ☐
5 + 2 = ☐	11 + 3 = ☐	18 − 3 = ☐
7 − 5 = ☐	14 − ☐ = ☐	15 + ☐ = ☐
☐ + ☐ = ☐	☐ + ☐ = ☐	☐ − ☐ = ☐
☐ + ☐ = ☐	☐ − ☐ = ☐	☐ + ☐ = ☐
☐ − ☐ = ☐	☐ + ☐ = ☐	☐ − ☐ = ☐
☐ + ☐ = ☐	☐ − ☐ = ☐	☐ + ☐ = ☐
☐ + ☐ = 5	☐ + ☐ = 5	☐ − ☐ = 12

7 bis **9** Aufgabenfolgen Erfinde selbst eine Aufgabe.
7 bis **9** bereiten auf die Knobelseiten 82 und 83 vor.

1

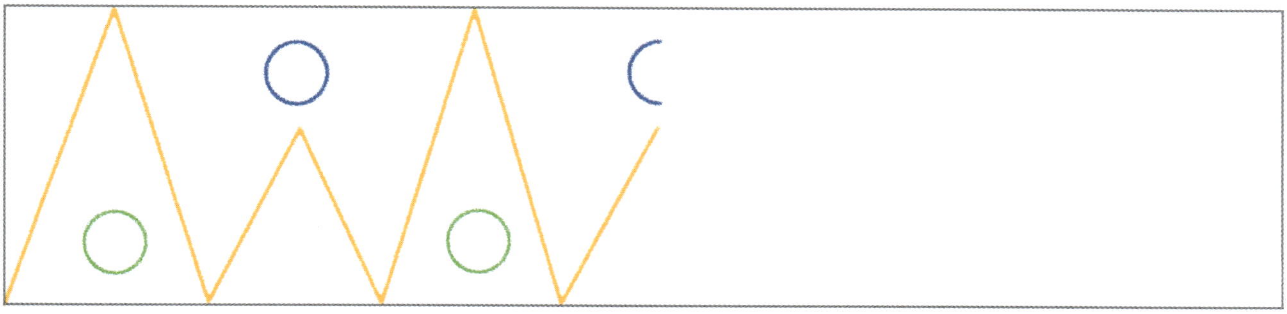

2

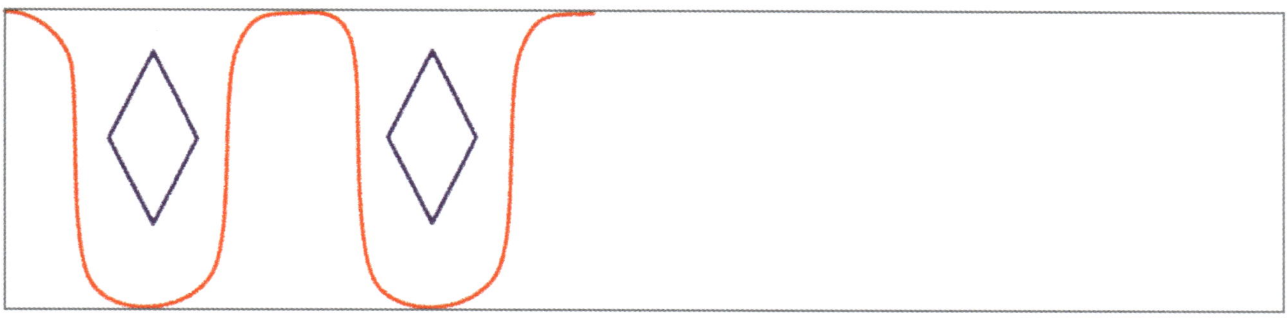

3

14 + 5 = ___
15 + 4 = ___

13 + 5 = ___
14 + 4 = ___

12 + ___ = ___
___ + ___ = ___

4

6 + 11 = ___
5 + 12 = ___

7 + 11 = ___
6 + 12 = ___

8 + ___ = ___
___ + ___ = ___

5

12 + 7 = ___
13 + 6 = ___

13 + 5 = ___
___ + ___ = ___

14 + 3 = ___
___ + ___ = ___

6

19	17	5	15	13	5	11	9				5

7

1	20	2	19	3	18	4					15

8

23	22	20	19	17	16						7

1 bis **2** Muster fortsetzen **3** bis **5** Aufgabenfolgen **6** bis **8** Zahlenfolgen
3 bis **8** bereiten auf die Knobelseiten 82 und 83 vor.

0 1 2 3 4 5 6 7 8 9 **10** 11 12 13 14 15 16 17 18 19 **20**

1

0 + 0 = ☐
1 + 1 = ☐
2 + 2 = ☐
3 + 3 = ☐
4 + 4 = ☐
5 + 5 = ☐
6 + 6 = ☐
7 + 7 = ☐
8 + 8 = ☐
9 + 9 = ☐
10 + 10 = ☐

2

5 + 5 = ☐
2 + 2 = ☐
7 + 7 = ☐
1 + 1 = ☐
3 + 3 = ☐
6 + 6 = ☐
0 + 0 = ☐
9 + 9 = ☐
4 + 4 = ☐
8 + 8 = ☐
10 + 10 = ☐

3

12 = 6 + ☐
8 = 4 + ☐
16 = ☐ + ☐
6 = ☐ + ☐
10 = ☐ + ☐
2 = ☐ + ☐
14 = ☐ + ☐
0 = ☐ + ☐
18 = ☐ + ☐
4 = ☐ + ☐
20 = ☐ + ☐

4

−	2	5
5	*3*	
15		
7		
17		
		1
16		
8		
18		

5

+	1	3
3	*4*	
13		
6		
16		
		7
14		
7		
17		

6

−	3	
9		3
19		
10		4
20		
8		
18		
6		
16		

1 bis **3** Merkaufgaben (Verdoppeln) **4** bis **6** Analogieaufgaben in Tabellen

1

0	−	0	=	
2	−	1	=	
4	−	2	=	
6	−	3	=	
8	−	4	=	
10	−	5	=	
12	−	6	=	
14	−	7	=	
16	−	8	=	
18	−	9	=	
20	−	10	=	
22	−	11	=	

2

8	−	4	=	
14	−	7	=	
2	−	1	=	
16	−	8	=	
10	−	5	=	
0	−	0	=	
18	−	9	=	
6	−	3	=	
12	−	6	=	
4	−	2	=	
20	−		=	
18	−		=	

3

10	−	5	=	
	+	5	=	10
14	−	7	=	
	+	7	=	14
20	−	10	=	
	+	10	=	20
18	−	9	=	
	+	9	=	18
16	−	8	=	
	+		=	
12	−	6	=	
	+		=	

4

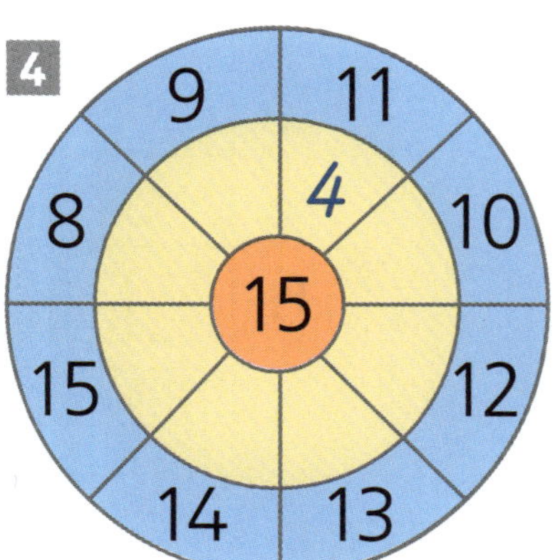

5

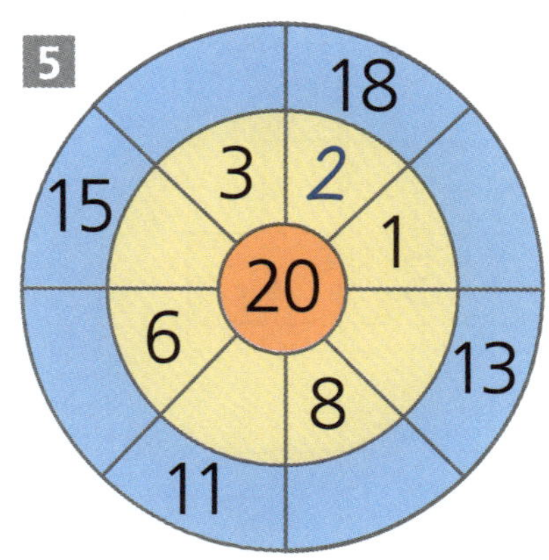

6

1 und **2** Merkaufgaben (Halbieren) **3** Halbieren und Verdoppeln

1

5 + 5 = ___
5 + 6 = ___

5 + 5 = ___
5 + 4 = ___

6 + 6 = ___
6 + 7 = ___

6 + 6 = ___
6 + 5 = ___

2

8 + 8 = ___
8 + 9 = ___

8 + 8 = ___
8 + 7 = ___

7 + 7 = ___
7 + 8 = ___

7 + 7 = ___
7 + 6 = ___

3

9 + 9 = ___
9 + 10 = ___

9 + 9 = ___
9 + 8 = ___

8 + 8 = ___
9 + 8 = ___

8 + 8 = ___
7 + 8 = ___

4

_
_ | 7
6 | 6 | 1

5

_
_ | _
6 | 2 | 6

6

_
_ | _
4 | 5 | 4

7

_
_ | _
7 | 3 | 4

8

_
_ | _
5 | 5 | 3

9

_
_ | _
6 | 1 | 9

10

_
_ | _
4 | _ | 4
_ | 2 | _ | 1

11

20
9 | _
5 | _ | _
4 | _ | _ | 4

1 bis **3** Merkaufgaben und Nachbaraufgaben

1

12 − 6 =
12 − 7 =

12 − 6 =
12 − 5 =

14 − 7 =
14 − 8 =

14 − 7 =
14 − 6 =

2

16 − 8 =
16 − 9 =

16 − 8 =
16 − 7 =

18 − 9 =
18 − 10 =

18 − __ =
18 − 8 =

3

20 − 10 =
20 − 11 =

20 − 10 =
20 − 9 =

16 − __ =
15 − 8 =

16 − __ =
17 − 8 =

4

1

20 − 10 = ___
19 − 10 = ___

18 − 9 = ___
17 − 9 = ___

16 − 8 = ___
15 − 8 = ___

14 − 7 = ___
13 − 7 = ___

2

12 − 6 = ___
11 − 6 = ___

10 − 5 = ___
9 − 5 = ___

14 − 7 = ___
15 − 7 = ___

16 − ___ = ___
17 − 8 = ___

3

18 − 9 = ___
19 − 9 = ___

12 − 6 = ___
13 − 6 = ___

10 − ___ = ___
11 − 5 = ___

20 − ___ = ___
21 − 10 = ___

4

+	3	5	2	7
1	4			
11				

5

+	6	9	8	
1				1
11				11

6

−	1	3	0	9
9	8			
19				

7

−	6	8	7	
9				4
19				

8

−	3	5	2	0
10				
20				

9 △

−	9	10		15
10			2	
20				

1 bis **3** Merkaufgaben und Nachbaraufgaben **4** bis **9** Analogieaufgaben in Tabellen
△ Mache ein X, wenn eine Aufgabe nicht lösbar ist.

1

20 − 10 = □
8 − 4 = □

14 − 7 = □
10 − 5 = □

6 − 3 = □
18 − 9 = □

12 − 6 = □
2 − 1 = □

16 − 8 = □
4 − 2 = □

2

7 + 7 = □
14 − 7 = □

3 + 3 = □
□ − 3 = 3

5 + 5 = □
□ − 5 = 5

6 + 6 = □
□ − 6 = 6

9 + 9 = □
□ − 9 = 9

3

10 + 10 = □
□ − 10 = 10

8 + 8 = □
□ − □ = □

4 + 4 = □
□ − □ = □

7 + 7 = □
□ − □ = □

6 + 6 = □
□ − □ = □

4

−	1	0
2		
12		
8		
18		
1		
11		
4		
14		

5 △

−	3	6
6		
16		
3		
13		
5		
15		
9		
19		

6 △

−	5	7
4		
14		
8		
18		
10		
20		
7		
17		

1 bis **3** Merkaufgaben (Halbieren und Verdoppeln) **4** bis **6** Analogieaufgaben in Tabellen
△ Mache ein ✕, wenn eine Aufgabe nicht lösbar ist.

1

18 − ☐ = 10
16 − ☐ = 10
13 − ☐ = 10
18 − ☐ = 18
14 − ☐ = 10
12 − ☐ = 11
19 − ☐ = 10
15 − ☐ = 10

2

17 − ☐ = 10
20 − ☐ = 18
11 − ☐ = 10
19 − ☐ = 19
13 − ☐ = 10
18 − ☐ = 10
15 − ☐ = 14
16 − ☐ = 15

3

12 − ☐ = 9
14 − ☐ = 13
11 − ☐ = 8
20 − ☐ = 19
20 − ☐ = 10
19 − ☐ = 16
17 − ☐ = 9
11 − ☐ = 0

4

10 − 5 = ☐
9 − 4 = ☐
8 − 3 = ☐
7 − ☐ = ☐
6 − ☐ = ☐

5

10 − 5 = ☐
10 − 4 = ☐
10 − 3 = ☐
10 − ☐ = ☐
10 − ☐ = ☐

6

10 − 5 = ☐
11 − 6 = ☐
12 − 7 = ☐
13 − ☐ = ☐
14 − ☐ = ☐

7

10 + 5 = ☐
11 + 5 = ☐
12 + 5 = ☐
13 + ☐ = ☐
14 + ☐ = ☐
15 + ☐ = ☐

8

10 + 5 = ☐
9 + 6 = ☐
8 + 7 = ☐
7 + ☐ = ☐
6 + ☐ = ☐
5 + ☐ = ☐

9

18 + 1 = ☐
17 + 2 = ☐
16 + 3 = ☐
☐ + ☐ = ☐
☐ + ☐ = ☐
☐ + ☐ = ☐

4 bis **9** Was fällt auf? Regelmäßigkeiten beschreiben

1

8 + 8 =
8 + 9 =

6 + 6 =
5 + 6 =

7 + 7 =
7 + 6 =

9 + 8 =
9 + 7 =

2

12 − 6 =
12 − 7 =

12 − 6 =
12 − 5 =

14 − 7 =
14 − 8 =

14 − ___ =
14 − 6 =

3

16 − 8 =
16 − 7 =

16 − 8 =
16 − 9 =

18 − ___ =
18 − 8 =

18 − ___ =
18 − 10 =

4

+	0	1	6	3
3				
13				

5

+	7	5	4	8
3				
13				

6

−	8	0	1	7
8				
18				

7 △

−	5	2	3	9
8				
18				

8

+	3	5	7	0
2				
12				

9

+	2	6	4	8
2				
12				

1 bis **3** Merkaufgaben und Nachbaraufgaben **5** Im rosa Feld wird der Zahlenraum bis 20 überschritten.
4 bis **9** Analogieaufgaben in Tabellen △ Mache ein ✕, wenn eine Aufgabe nicht lösbar ist.

1

15 − 5 =
15 − 6 =
15 − 7 =

13 − 3 =
13 − 4 =
13 − 5 =

14 − 4 =
14 − 5 =
14 − 6 =

2

7 + 3 =
7 + 4 =
7 + 5 =

8 + 2 =
8 + 3 =
8 + 4 =

6 + 4 =
6 + 5 =
6 + 6 =

3

11 − 1 =
11 − 2 =
11 − 3 =

12 − 2 =
12 − 3 =
12 − 4 =

17 − 7 =
17 − 8 =
17 − 9 =

4

	7	
7	6	1

5

5	4	3

6

2	6	5

7

3	6	5

8

	8	
7	5	

9

8		
4		6

10

10		
	2	5

11

	16	
	6	
		1

12

1 bis **3** Schritt für Schritt über den Zehner
Erfinde selbst eine Aufgabe.

1

$3 + 9 = \square$
$9 + 3 = \square$

$5 + 8 = \square$
$8 + 5 = \square$

$4 + 7 = \square$
$7 + 4 = \square$

$3 + 8 = \square$
$8 + 3 = \square$

2

$3 + 11 = \square$
$11 + 3 = \square$

$2 + 16 = \square$
$\square + \square = \square$

$4 + 15 = \square$
$\square + \square = \square$

$4 + 8 = \square$
$\square + \square = \square$

3

$2 + 18 = \square$
$\square + \square = \square$

$4 + 9 = \square$
$\square + \square = \square$

$7 + 10 = \square$
$\square + \square = \square$

$3 + 17 = \square$
$\square + \square = \square$

4

$9 + 9 = \square$
$9 + 8 = \square$
$9 + 7 = \square$
$9 + \square = \square$
$9 + \square = \square$

5

$8 + 8 = \square$
$9 + 7 = \square$
$10 + 6 = \square$
$11 + \square = \square$
$12 + \square = \square$

6

$12 + 2 = \square$
$13 + 2 = \square$
$14 + 2 = \square$
$\square + \square = \square$
$\square + \square = \square$

7

$12 - 6 = \square$
$12 - 7 = \square$
$12 - 8 = \square$
$\square - \square = \square$
$\square - \square = \square$

8

$14 - 7 = \square$
$15 - 7 = \square$
$16 - 7 = \square$
$\square - \square = \square$
$\square - \square = \square$

9

$18 - 9 = \square$
$17 - 8 = \square$
$16 - 7 = \square$
$\square - \square = \square$
$\square - \square = \square$

1 bis **3** Tauschaufgaben **4** bis **9** Was fällt auf? Regelmäßigkeiten beschreiben

0	5	7	9	10	12	13	15	17	18	19	20
A	B	C	E	H	I	L	N	R	S	T	U

9 + 9 =

16 − 9 =

18 − 8 =

12 + 3 =

0 + 0 =

15 − 10 =

0 + 9 =

18 − 5 =

2 + 17 =

6 + 6 =

15 − 6 =

12 + 5 =

15 − 15 =

7 + 13 =

14 + 4 =

16 + 3 =

19 − 2 =

8 − 8 =

2 + 11 =

19 − 7 =

1 + 8 =

20 − 5 =

ICH BIN EIN

UND LEBE IN .

1

Schritt 1

12 – 5 =

2

Schritt 2

12 – 5 =

2 3

2

13 – 4 =

3

11 – 5 =

11 – 2 =

13 – 5 =

12 – 3 =

11 – 4 =

3

11 – 6 =

13 – 6 =

15 – 6 =

12 – 7 =

15 – 7 =

14 – 7 =

4

12 – 4 =

14 – 5 =

11 – 3 =

12 – 6 =

16 – 7 =

13 – 7 =

5

–	2	4
11		
13		

6

–	3	5
13		
12		

7

–	6	7
11		
15		

1

Schritt 1
9 + 1 = 10
Schritt 2
10 + 5 = ☐

Schritt 1
9 + 6 = ☐
1 | ☐

Schritt 2
9 + 6 = ☐
1 | 5

2

7 + 4 = ☐ (3 | ☐)

9 + 5 = ☐ (☐ | ☐)

9 + 2 = ☐ (☐ | ☐)

7 + 5 = ☐ (☐ | ☐)

8 + 3 = ☐ (☐ | ☐)

3

9 + 6 = ☐ (☐ | ☐)

7 + 6 = ☐ (☐ | ☐)

8 + 7 = ☐ (☐ | ☐)

5 + 7 = ☐ (☐ | ☐)

6 + 7 = ☐ (☐ | ☐)

4

8 + 4 = ☐ (☐ | ☐)

6 + 5 = ☐ (☐ | ☐)

9 + 3 = ☐ (☐ | ☐)

8 + 6 = ☐ (☐ | ☐)

4 + 7 = ☐ (☐ | ☐)

5

7 + 6 = ☐
7 + 5 = ☐
7 + 4 = ☐
7 + ☐ = ☐
☐ + ☐ = ☐

6

8 + 3 = ☐
8 + 4 = ☐
8 + 5 = ☐
8 + ☐ = ☐
☐ + ☐ = ☐

7

3 + 9 = ☐
4 + 8 = ☐
5 + 7 = ☐
6 + ☐ = ☐
☐ + ☐ = ☐

1 bis **4** Einführung von „In zwei Schritten über den Zehner – plus"
5 bis **7** Was fällt auf? Regelmäßigkeiten beschreiben

1 △

−	4	6	7	10
20				
15				
13				
11				
10				
8				
7				

2

+	3	5	7	10
3				
7				
9				
10				
12				
14				
18				

3

4	7	
5	1	

8	5	
3		20

4	7	
6		19

4

☐ + 8 = 10

☐ + 4 = 10

5

13 + ☐ = 20

18 + ☐ = 20

6

☐ + 1 = 20

☐ + 5 = 20

7

	3		
6	1		3

9

	9	
3		1

8

		20	
		10	
	6		
	3		

△ Mache ein ✕, wenn eine Aufgabe nicht lösbar ist.
2 Die Ergebnisse in den rosa eingefärbten Feldern überschreiten den Zahlenraum bis 20.

1

12 − ☐ = 10
17 − ☐ = 10
14 − ☐ = 10
18 − ☐ = 10
15 − ☐ = 10

2

8 = 5 + ☐
8 = 7 + ☐
8 = 3 + ☐
8 = 1 + ☐
8 = 4 + ☐

3

9 = 6 + ☐
9 = 8 + ☐
9 = 2 + ☐
9 = 5 + ☐
9 = 3 + ☐

4

15 − 8 = ☐
5 3

17 − 8 = ☐

13 − 8 = ☐

11 − 8 = ☐

14 − 8 = ☐

5

16 − 9 = ☐

18 − 9 = ☐

12 − 9 = ☐

15 − 9 = ☐

13 − 9 = ☐

6

17 − 9 = ☐

12 − 8 = ☐

11 − 9 = ☐

16 − 8 = ☐

14 − 9 = ☐

7

−	8	9
13		
14		

8

−	8	9
11		
17		

9

−	9	6
12		
15		

1

10 = 8 + ☐

10 = 7 + ☐

2

10 = 2 + ☐

10 = 4 + ☐

3

10 = 9 + ☐

10 = 5 + ☐

4

5 + 8 = ☐
5 | 3

3 + 8 = ☐

7 + 8 = ☐

9 + 8 = ☐

6 + 8 = ☐

5

4 + 9 = ☐

2 + 9 = ☐

8 + 9 = ☐

5 + 9 = ☐

7 + 9 = ☐

6

3 + 9 = ☐

8 + 8 = ☐

9 + 9 = ☐

4 + 8 = ☐

6 + 9 = ☐

7

3	5	4

8

4	2	6

9

1	3	6

10

0	5	3

11

6	1	8

1

11 − 6 =
1 | 5

6 + 7 =
4 | 3

14 − 9 =

7 + 9 =

13 − 6 =

2

14 − 5 =

8 + 5 =

15 − 8 =

8 + 4 =

13 − 5 =

3

11 − 9 =

5 + 8 =

13 − 8 =

7 + 6 =

11 − 5 =

4 △

−	5	7		10
9			0	
	10			
19				

5

+		7	9	10
6	9			
8				
	13	17		

6

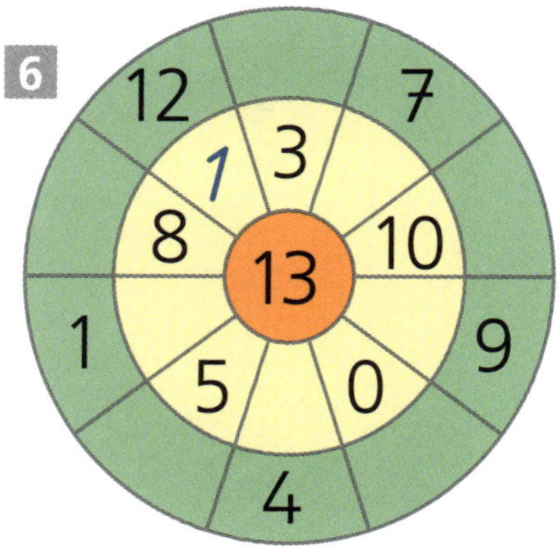

7

8

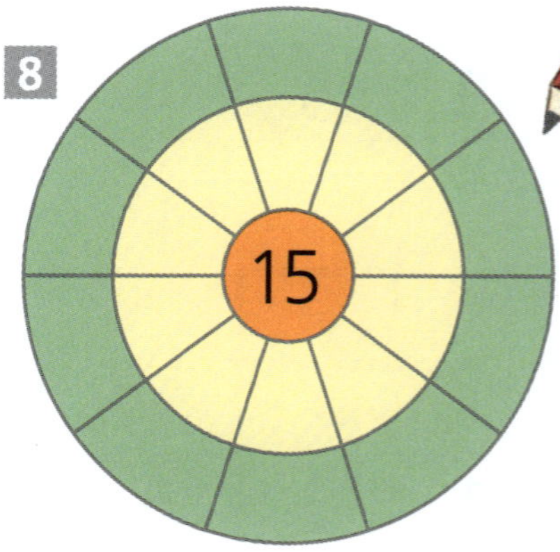

1 bis **3** In zwei Schritten über den Zehner

Erfinde selbst eine Aufgabe.

Der 4. Rechenmeister

1

−	4	6
6		
16		
9		
19		

2

+	2	5
3		
13		
	7	
		20

3

−	5	
7		0
17		
10		
20		

4

14 − 7 =

14 − 8 =

12 − 6 =

12 − 5 =

5

8 + 8 =

7 + 8 =

9 + 9 =

9 + 8 =

6

16 − 8 =

15 − 8 =

16 − 8 =

16 − 7 =

7

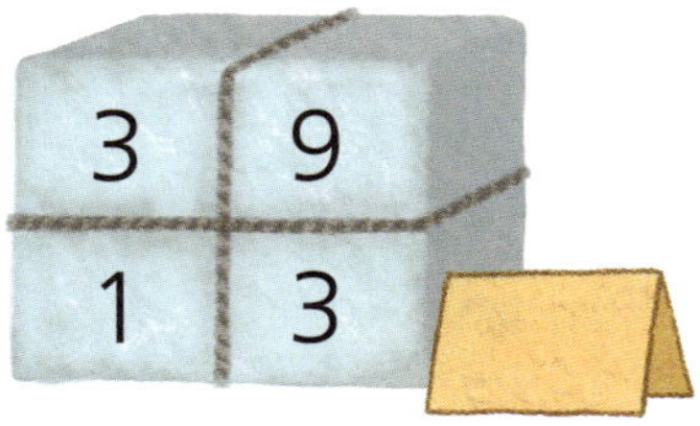

8

9

10

7 + 9 =

4 + 9 =

11

12 − 7 =

13 − 9 =

12

2 + 16 =

3 + 14 =

13

3	2	0	7

14

11			
7			
5			3

Du hast von 57 Aufgaben richtig gelöst.

Urkunde zum Ausdrucken → www.das-uebungsheft-1.de/urkunde

⊕ *oder* ⊖ ?

1

+		
7	13	
		16
3		13

2

○	4	
	12	
	10	
21		12

3

○		
		17
8		
9	20	14

4

−		
8		3
	13	
19	16	

5 △

○		10
	7	
6	0	
20		

6

○		
7		20
	20	
20	29	

7

3 + ☐ + ☐ = 10 − ☐

3 + ☐ + ☐ = 10 − ☐

3 + ☐ + ☐ = 10 − ☐

3 + ☐ + ☐ = 10 − ☐

8

19 − ☐ = 7 + ☐ + ☐

19 − ☐ = 7 + ☐ + ☐

19 − ☐ = 7 + ☐ + ☐

19 − ☐ = 7 + ☐ + ☐

9

			20			
		8				
			5			
						4

10

	25		
		12	
6		5	
	2		

7 und **8** Es sind mehrere Lösungen möglich.

Der große Knobelmeister

1

○		10
		6
17	3	
	5	

2

○	7	
6		18
	18	
		24

3

+		15
	17	
	19	23
		19

4

___ + 7 = 8 − ___ + 10

___ + 7 = 8 − ___ + 10

5

5 + ___ = ___ − 6 + ___

5 + ___ = ___ − 6 + ___

6

		5		
6			1	
	0	3		

7

8

4 − 3 = ___

8 − 6 = ___

12 − 9 = ___

16 − ___ = ___

9

6 + 8 = ___

7 + 10 = ___

8 + 12 = ___

___ + ___ = ___

10

15 − ___ = 10

14 − ___ = 8

13 − ___ = 6

___ − ___ = ___

11

6	19	18	8	17		10					12

12

20	20	19	21	18	22						25

4, **5** und **7** Es sind mehrere Lösungen möglich.

Du hast ___ von 60 Aufgaben richtig gelöst.

Urkunde zum Ausdrucken → www.das-uebungsheft-1.de/urkunde

Inhaltsverzeichnis

Bildquellenverzeichnis:
Seite 54: Belugawal © bekirevren – stock.adobe.com;
Beluga-Wal © Pavel – stock.adobe.com (Collage)
Seite 74: Schnabeltier © 169169 – stock.adobe.com

Bestell-Nr. 1507-55 · ISBN 978-3-619-15755-6
Inhaltlich identisch mit Bestell-Nr. 1504-54 (Auflage 2021)

www.mildenberger-verlag.de
E-Mail: info@mildenberger-verlag.de
Auflage 4 3 2 1
Jahr 2024 2023 2022 2021

	Neubearbeitung 2010	Überarbeitung 2021
AutorInnen:	Karl-Heinz Keller	Nina und Hendrik Simon
Redaktion:	Katja Weber	Sebastian Tonner, Frank Mildenberger
Layoutkonzeption:	tiff.any GmbH, Berlin	Mildenberger Verlag GmbH
Gestaltung und Satz:	tiff.any GmbH, Berlin	Mildenberger Verlag GmbH

Illustrationen: tiff.any GmbH, Mario Kuchinke-Hofer, Berlin
Druck: Kern GmbH, 66450 Bexbach
Gedruckt auf umweltfreundlichem Papier.

Meine Rechentricks

Emma: „Ich tausche die Zahlen!“

Aufgabe: 2 + 6 = 8
Ich rechne: 6 + 2 = 8

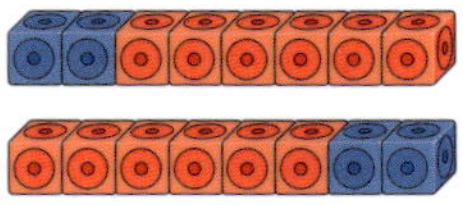

Aufgabe: 8 − 6 = 2
Ich rechne: 8 − 2 = 6

Max: „Ich suche eine einfache Nachbaraufgabe!“

Aufgabe: 5 + 4 = 9
Ich rechne: 4 + 4 = 8

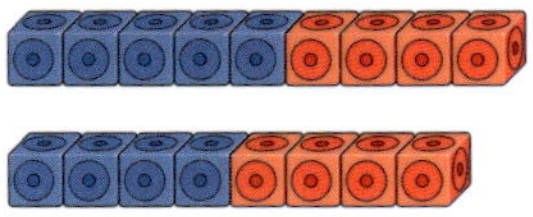

Aufgabe: 9 − 4 = 5
Ich rechne: 8 − 4 = 4

Hanna: „Ich rechne die Umkehraufgabe zur Kontrolle!“

Aufgabe: 9 − 4 = 5
Ich kontrolliere: 5 + 4 = 9 ✓

5 stimmt!

Tim: „Ich rechne zuerst die kleine Aufgabe!“

Aufgabe: 12 + 4 = 16
Ich rechne: 2 + 4 = 6

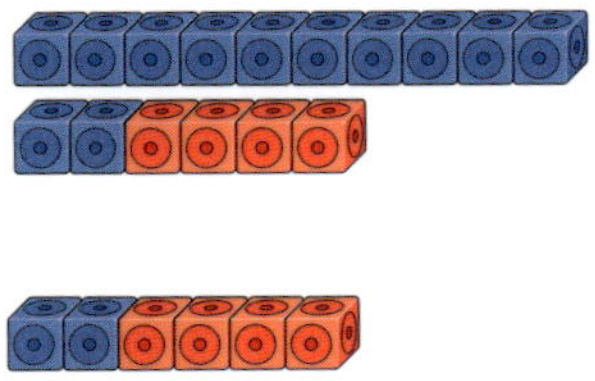

Aufgabe: 16 − 4 = 12
Ich rechne: 6 − 4 = 2

Mira: „Ich rechne bis zur 10 und dann weiter!“

Aufgabe: 8 + 6 = 14
2 4
Ich rechne: 8 + 2 = 10
und dann: 10 + 4 = 14

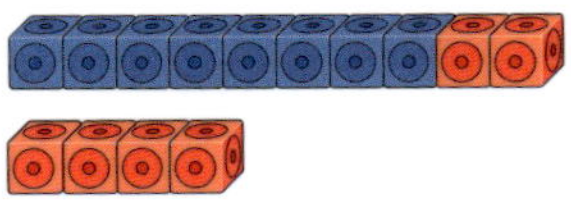

Aufgabe: 14 − 6 = 8
4 2
Ich rechne: 14 − 4 = 10
und dann: 10 − 2 = 8

Diese Urkunden warten auf dich!